农村环境污染治理技术及应用

赵 军 著

中国环境出版集团 · 北京

图书在版编目（CIP）数据

农村环境污染治理技术及应用/赵军著. —北京：中国环境出版社，2012.12（2024.7 重印）
ISBN 978-7-5111-0719-0

Ⅰ. ①农…　Ⅱ. ①赵…　Ⅲ. ①农业环境污染—污染防治　Ⅳ. ①X322

中国版本图书馆 CIP 数据核字（2011）第 191033 号

责任编辑　孟亚莉
封面设计　陈　莹

出版发行　中国环境出版集团
（100062　北京市东城区广渠门内大街 16 号）
网　　址：http://www.cesp.com.cn
电子邮箱：bjgl@cesp.com.cn
联系电话：010-67112765（编辑管理部）
010-67112735（第一分社）
发行热线：010-67125803，010-67113405（传真）

印　　刷　北京中科印刷有限公司
经　　销　各地新华书店
版　　次　2012 年 12 月第 1 版
印　　次　2024 年 7 月第 4 次印刷
开　　本　787×960　1/16
印　　张　12.25
字　　数　213 千字
定　　价　45.00 元

本书编写人员名单

赵　军　胡　成　郎咸明　师晓春　王京城

冯　欣　刘一威　杨明珍　包震宇　代秀兰

晁　雷　李晓东　张　巍　尤　涛　汪德生

序

现阶段，随着农村各项事业的逐步发展，环境污染问题日益突出，村镇居民生活污水、农村生产生活垃圾、畜禽养殖粪污等成为影响农村环境的主要问题。然而由于我国农村污染治理机制与基础设施不完善，污染物大量累积，没有得到有效处理，由此对农村生态环境及农民身体健康造成了极大威胁，也制约了农村经济的进一步发展。因此，寻求适合我国农村基本情况的污染治理模式和技术迫在眉睫。

农村污染综合治理模式应遵循农村可持续发展的要求，成为农村、农业发展的有机组成部分。好的农村污染治理模式可以将农业生产、农民生活的各个环节连接起来，成为农村、农业可持续发展的推动力。同时，农村污染属于复合型污染，多种污染源综合作用，其污染治理是一项系统工程，因此研发农村污染治理技术，须从研究农村经济社会情况、环境污染特性出发，兼具技术先进性、经济适用性特点。

本书从分析我国农村污染现状及成因出发，重点介绍目前应用较广的农村生活污水控制技术、养殖业废弃物污染控制技术、农村生活垃圾污染控制技术，并详列了相关示范工程。同时，本书根据农业可持续发展理论，提出了农村污染低碳循环治理模式，希望能为农村环境综合治理提供新的思路。

要全面系统地总结农村环境污染治理技术的最新理论成果、工程经验无疑是一项艰巨的工程，限于编者的学识和工程经验所限，书中难免有不妥和谬误之处，望读者不吝赐教。在本书的编写过程中参考了众多国内外的书刊，每章末都列出了主要的参考文献，在此谨向文献作者致以谢意。

作者

2012-11-13

目　录

第一章　农村环境污染现状与成因分析

第一节　农村环境污染现状

我国环保工作在过去的30多年里主要以城市环境和工业环境治理为主，农村环境基础设施薄弱，环境保护工作相对滞后。随着农村生活条件的改善和农村经济的发展，农村环境问题已经越来越成为我国环保工作中的重中之重。农村环境污染是点源污染与面源污染并存，主要体现在水体污染严重、清洁水源稀缺、土壤质量下降、人居环境恶化、生态遭到破坏等方面。

一、水体污染现状

我国水资源严重短缺，人均水资源占有量仅为世界人均值的1/4。水污染造成的水质性缺水，更加剧了我国水资源短缺的状况。农村水环境包括分布在广大农村的河流、湖泊、池塘、水库及地下水等。

（一）地表水污染状况

我国对地表水污染非常重视，通过近年来大力度治理工作的开展，污染状况虽有所改善，但水质污染问题仍然存在。

2009年《中国环境状况公报》的调查结果显示，我国七大水系的长江、黄河、珠江、松花江、淮河、海河和辽河总体为轻度污染。203条河流、408个地表水国控监测断面中，Ⅰ～Ⅲ类、Ⅳ～Ⅴ类和劣Ⅴ类水质的断面比例分别为57.3%、24.3%和18.4%。其中，珠江、长江水质良好，海河污染最重。

26个国控重点湖泊（水库）中，满足Ⅱ类水质的1个，Ⅲ类的5个，Ⅳ类的6个，Ⅴ类的5个，劣Ⅴ类的9个，劣Ⅴ类水质占总体的34.6%。营养状态为重度富营养的1个，中度富营养的2个，轻度富营养的8个，其他均为中营养。

9个重点国控大型淡水湖泊中，洱海、镜泊湖和博斯腾湖为Ⅲ类水质，鄱阳湖和南四湖为Ⅳ类水质，洞庭湖为Ⅴ类水质，达赉湖、白洋淀和洪泽湖为劣Ⅴ类水质。其中轻度富营养状态的 3 个，中度富营养状态的 1 个，中营养状态的 5 个。监测的 9 座大型水库中，密云水库（北京）为Ⅱ类水质，董铺水库（安徽）和千岛湖（浙江）为Ⅲ类水质，松花湖（吉林）和丹江口水库（湖北、河南）为Ⅳ类水质，于桥水库（天津）和大伙房水库（辽宁）为Ⅴ类水质，崂山水库（山东）和门楼水库（山东）为劣Ⅴ类水质。9 座大型水库均为中营养状态。

（二）地下水污染状况

我国地下水开采量近 30 年来以每年 25 亿 m^3 的速度递增，地下水的供给量占到了全国总供水量的 20%。其中北方缺水地区占 52%，华北和西北城市供水中地下水所占比例分别为 72%和 66%。在农村地区，地下水更成为主要的饮用水源。

根据中国地质环境监测院公布的信息，目前我国地下水污染呈现由点到面、由浅向深、由城市向农村的扩展趋势，污染程度日益严重。对北京、辽宁、吉林、上海、江苏、海南、宁夏和广东 8 个省（自治区、直辖市）641 眼井的水质监测结果显示，水质适用于各种使用用途的Ⅰ～Ⅱ类监测井仅占评价监测井总数的 2.3%，适合集中式生活饮用水水源及工农业用水的Ⅲ类监测井占 23.9%，适合除饮用外其他用途的Ⅳ～Ⅴ类监测井占总数的 73.8%。

我国地下水的水质状况目前十分严峻，起因一般都是生活污染、农业耕作、畜禽养殖等人为因素。

（三）水源污染

我国水源污染问题严重，生活污水的直接排放、垃圾的随意堆放、畜禽粪便未处理及化肥和农药的过量使用等原因，造成污染物进入河流、湖泊、地下水等水体环境，严重影响了地表水和地下水的水质。据统计，我国 7 亿人饮用水源不合格，1.6 亿人饮用受有机物污染的水源，大肠杆菌超标率达 86%。

2009 年环境保护部组织开展了全国典型乡镇集中式饮用水水源基础环境状况调查及评估工作。调查结果显示，我国共有 2.5 万多个乡镇集中式饮用水水源，服务于 2.2 万个乡镇，供水人口超过 2 亿人。其中地下水型、河流型和湖库型水源分别占 57%、28%和 15%，地下水水源超过半数。按照服务人口、区域特征等原则，筛选了服务于 6 200 万人口的 3 737 个典型乡镇集中式饮用水水源进行深入调查。结果表明，南方地区水质好于北方，西部地区好于东部。水质状况从好到差依次为湖库型、河流型和地下水型。

二、大气污染现状

农村大气污染主要源于秸秆、薪柴等的燃烧、畜禽养殖臭气、化学药剂的散发和乡镇企业废气排放等。

（一）秸秆的焚烧

随着农耕技术的发展和农民生活水平的提高，秸秆在农业生产和农村生活中发挥的作用日趋弱化。农村劳动力短缺、农民环保意识淡薄等因素，造成了农户大量焚烧秸秆。

据中国气象局国家卫星气象中心遥感监测，2004—2007 年 4 年间，共计监测到麦收期间和秋季秸秆火点 15 107 个，其中数量最少的 2006 年也达到 3 294 个，并且由于卫星重访时间相对较长和探测精度的限制，实际数量远不止于此。

焚烧秸秆导致空气中总悬浮颗粒数量增加，浓烟中含有的大量有毒有害气体（CO、CO_2、SO_2 等）会对人体健康产生不良影响，并且容易引发火灾，对交通也会造成严重影响。河南省管理部门统计显示，河南每年因焚烧秸秆造成的直接经济损失达 10 多亿元。北京首都机场、天津滨海机场、广州白云机场等全国近 20 个机场都因秸秆焚烧烟尘而影响过航班正常飞行。另外焚烧秸秆使交通事故发生率增加，高速公路封闭。

（二）畜禽粪便产生的臭气问题

畜禽粪便产生量增加，但利用率低，畜禽粪便未经处理，随意堆积现象普遍。畜禽粪便堆积过程中的粪臭，发酵产生的硫化氢、氨、胺、苯酚、乙醇、乙醛等上百种有毒有害物质，造成空气污浊度升高，降低空气质量，危害周围人群的身体健康。

（三）农药、化肥的大量使用产生大气污染

农药、化肥的大量使用散发也是农村大气污染的原因之一。农药大多数以喷雾的形式喷洒于农作物上，但只有 10%附着于农作物上。相当一部分农药散发到空中，随风飘移，造成大气污染。

（四）乡镇企业大气污染

乡镇企业多数为低技术含量的粗放经营，主要是小型的造纸、制革、电镀、印染等以牺牲环境为代价的高污染行业。大气污染物排放量居高不下，直接导致

大气污染。

三、土壤污染现状

土壤污染一般可分为水型污染、气型污染和固体废弃物污染。水型污染多是因污水灌溉造成的；气型污染主要是大气中的污染物经降雨和沉降污染土壤；固体废弃物污染的污染源主要是畜禽粪便、农药、秸秆等。与水和大气污染相比，土壤污染一是很难直观判断；二是积累性强；三是不易降解，治理难度大，周期长。

根据对典型地区的调查结果，我国土壤污染问题已经相当严重，已明显影响到水环境和农产品质量。虽然我国近年来已经开始进行“三废”处理、控制污灌、施用低毒新农药，但近期内土壤污染问题仍呈逐渐加重的趋势，尤其是在化肥、农药用量较大的地区和乡镇企业密集区。

（一）重金属污染

我国土壤的重金属污染问题主要源于镉、砷、铬、铅等重金属元素的富集。其中污水灌溉是造成农田污染的原因之一。污水中含有较丰富的有机物质，可提供氮、磷等多种养分，并且缓解水资源短缺问题。但同时污水成分复杂，长期使用会造成其中含有的重金属成分富集，污染土壤。畜禽类粪便肥料也是造成土壤重金属污染的原因之一。由于畜禽饲料中配比了一定量的微量元素添加剂，因此畜禽粪便中除含有植物生长所需的 N、P、K 和有机质等营养成分外，还含有一定量的铜、砷、锌等微量元素。因此，过量施用粪肥除了导致养分流失外，还会造成土壤中盐分和重金属的积累。

（二）农药、农膜残存

我国土壤的有机污染十分严重，造成耕地质量的下降，阻碍了农作物的正常生长，已开始影响到农产品质量和人体健康。农药施用后在土壤中的残留量为 50%～60%，如已经长期停用的六六六、DDT 在土壤中的检出率仍很高。农膜残留造成的“白色污染”问题，也已严重影响了农业的发展。根据农业部 20 世纪 90 年代初对全国 17 个省市的调查结果，所有农膜覆盖过的农田土壤均存在不同程度的农膜残留，残留量平均为 60 kg/hm^2，最高达 135 kg/hm^2。

（三）秸秆焚烧对土壤造成的破坏

秸秆焚烧在造成大气污染的同时，也会对土壤造成一定的破坏。秸秆焚烧降低土壤肥力，使耕地表层土壤水分损失，致使耕地贫瘠化。据测定，秸秆焚烧将会使土壤有机质下降 0.2%～0.3%，损失有机碳 3 500～4 000 kg/hm^2，同时排放二氧化碳 11～13 t。秸秆焚烧对土壤微生物有杀灭作用，导致农田板结化。土壤微生物起到分解土壤有机质的作用，对加速土壤养分的释放和改善土壤结构起着重要作用。绝大多数土壤微生物在 15～40℃范围内活性最强，但秸秆焚烧使地下 5 cm 处的温度达到 65～90℃，致使绝大多数土壤微生物无法存活。

第二节　农村环境污染成因分析

一、生活污染源

随着农民生活水平的提高，生活用水量、生活垃圾产生量都在逐年增加。但农民环境保护意识较低，生活污水直接排放、生活垃圾随意堆放的现象普遍，已严重影响到广大农村居民的生活质量。

（一）生活污水造成的污染危害

国家环境保护总局在《国家农村小康环境保护行动计划》中指出，全国农村每年产生生活污水约 80 亿 t。而据 2005 年建设部对全国部分农村的调查，96%的农村没有污水处理及收集系统。农村大部分生活污水未经处理，直接进入河流、湖泊等水体环境。并且由于各种洗涤剂的使用，生活污水中磷的含量越来越高。农村污水得不到有效处理，但农村污水排放量占总排放量的比例却越来越大，严重影响了农村水体质量。

（二）生活垃圾造成的污染危害

由于农村人口居住分散，环境保护意识较差，而且大多数农村没有有效的垃圾收集、处理体系，垃圾堆放现象普遍。对全国 31 个省、市、自治区的农村地区进行抽样调查的结果显示，全国农村人均日生活垃圾量为 0.86 kg，生活垃圾的堆放方式中随意堆放占 36.72%，收集堆放占 63.28%。收集堆放的垃圾中进行填埋的占 57.03%，焚烧的占 14.26%，高温堆肥的占 13.88%，直接再利用的占 14.83%。

垃圾堆放不仅侵占了土地，而且还成为蚊蝇、病原体的滋生场所。垃圾在堆放过程中腐烂、发酵甚至发生生物化学反应，不仅会释放出危害人体健康的气体，而且渗滤液还会污染水体和土壤。

1．对水体的影响

垃圾可随地表径流进入河流湖泊，或随风被吹入水体。垃圾渗透液流入地表径流，或渗入土壤污染地下水。垃圾中不但含有大量的细菌和微生物，还会在堆放过程中产生大量的酸碱，由于水的溶解特性，污染物质一旦进入水体，污染就会扩散，产生严重的污染后果。

2．对大气的影响

垃圾中的细小颗粒、粉尘等可随风飞扬。在适宜的温度和湿度下垃圾还可发生生物降解，释放出沼气。垃圾中的有毒有害物质可发生化学反应产生有毒气体，危害人体健康。

3．对土壤的影响

生活垃圾的堆放，会造成土壤残留毒害物质难以挥发消解，杀死土壤微生物，改变土壤性质和结构，阻碍植物根系的生长发育。

二、畜禽养殖业

近年来禽畜养殖业发展迅猛，养殖方式由农户分散养殖向集约化养殖场转变，养殖地点从农村向城郊转移。养殖量增加的同时，禽畜粪便排放量也急剧增多，已成为农村环境污染的主要污染源之一。

（一）畜禽养殖业的现状

2007 年我国主要牲畜出栏量牛是 4 359.5 万头，猪是 56 508.3 万头，羊是 25 570.7 万头，家禽是 958 000 万只，比 1999 年分别增长了 15%、13%、36%和 29%。存栏量牛是 10 594.8 万头，猪是 43 989.5 万头，羊是 28 564.7 万头，家禽是 502 000 万只。畜禽养殖力度加大的同时，畜禽粪便也随之增加。但由于有机肥料逐渐被化学肥料代替，畜禽粪便的还田率仅为 30%～50%。未被利用的畜禽粪便多数没有经过安全处理，据统计，目前 80%的规模化养殖场没有污染治理措施。畜禽粪便的直接排放和任意堆放，造成水体富营养化以及地表水和地下水的污染，是影响农村地区饮用水安全的原因之一。

（二）畜禽养殖业造成的环境危害

畜禽粪便如不经妥善处理直接排入环境，会对水体、土壤和空气造成严重污染，并危及畜禽和人体健康。

1．对水体的影响

畜禽粪便中含有大量的氮、磷和有机污染物，一旦流入江河湖泊，会造成

COD、TN、TP 等主要污染指标超标和水体富营养化，导致对污染敏感的水生生物死亡。畜禽粪便中的有毒有害物质进入地下水后，会降低水体溶解氧，增加水中有毒有害成分，严重时使水体发黑发臭，丧失使用价值。

2. 对土壤的影响

畜禽粪便中的有机质可被土壤微生物分解而得到净化，但如果污染物排放量超过了土壤本身的自净能力，便会出现降解不完全和厌氧腐解现象，产生恶臭物质和亚硝酸盐等有害物质，导致土壤性状改变，破坏其原有的基本功能。另外，畜禽饲料中通常含有一定量的铜、砷、锌等微量添加剂，这些微量元素超过环境容量时将会造成土壤的重金属污染。

3. 对空气的影响

粪便中产生的有毒有害气体、粉尘和微生物等可对空气产生污染。研究表明，猪粪可产生 230 种恶臭物质，其中的有害气体主要有氨气、硫化氢、二氧化碳、酚、粪臭素等，严重影响了畜禽养殖场周围的空气质量，危害饲养人员和周围居民的身体健康，并且影响畜禽的生长。

4. 传播病菌

畜禽粪便中含有大量的病原微生物、寄生虫卵，容易滋生蚊蝇，使环境中的病原菌和寄生虫大量繁殖，造成人、畜传染病的蔓延。

因此如何将畜禽粪便变废为宝，实现畜禽粪便的无害化与资源化利用，减少环境污染，改善农村生态环境，已经成为农村环境保护工作中的重大任务。

三、水产养殖业

随着经济的发展，人们对水产品的需求日益增加，为了弥补捕捞量的不足，水产养殖业发展迅猛。

根据对 2007 年水产养殖业的统计结果，海水养殖面积从 1990 年的 428 900 hm^2 增加到 1 331 500 hm^2，内陆养殖面积从 1990 年的 3 829 800 hm^2 增加到 4 413 600 hm^2，海水养殖产量从 1990 年的 162 万 t 增加到 1 307 万 t，内陆养殖产量从 1990 年的 445 万 t 增加到 1 971 万 t，单从产量来说，海水养殖和内陆养殖分别是 1990 年的 8 倍和 4.4 倍。见图 1-1。随着水产养殖业规模的扩大，其对环境尤其是水环境的污染已经日益突出。水产养殖中大量未被鱼类摄食的饵料、鱼类排泄物和残留鱼药等，是水产养殖污染的主要来源。

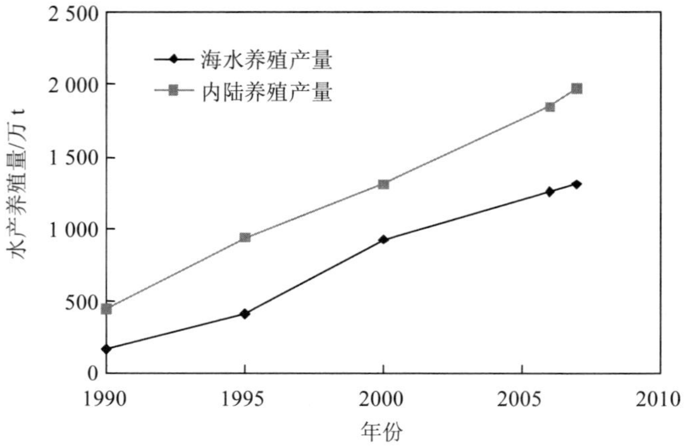

图 1-1 我国水产养殖量的增长

水产养殖大多靠人工投饵，由于养殖密度高，饵料投入量大，加上施用的不合理，养殖水体中残饵、排泄物、生物尸体、渔用营养物质等大量增加。有关实验表明，投喂饲料中有 10%～20%未被摄食而直接溶失到水中，摄入饲料中 20%～25%的氮和 25%～40%的磷用于生长，75%～80%的氮和 60%～75%的磷以粪便和代谢物形式排入水环境。养殖水体中排泄物和残饵逐渐累积，引起水体自净能力下降，导致水体富营养化和水质恶化。

另外，为了预防水生生物疾病的发生，保证良好的养殖环境，养殖人员经常投加药物。水产养殖中经常使用杀菌剂、杀寄生虫剂等以防治水产动物疾病；使用杀藻剂、除草剂控制水生植物；使用杀虫剂、杀螺剂等消除敌害生物，此外还使用麻醉剂、激素、疫苗和消毒剂等药物，用药剂量越来越大，药物的毒性越来越强，导致养殖水域出现药物残留，对水域生态系统造成危害。

由此可见，水产养殖污染的主要原因是由于人为添加饵料、药物等物质，加之缺乏规范管理，施用不合理，超过了水体的自然净化能力，从而导致对水体的污染，造成水质恶化。

四、种植业

（一）农药和化肥污染

科学地使用农药和化肥，有助于提高农作物的产量。但由于农民缺乏环保观念，一味盲目地追求产量、产值，因而目前农药和化肥过量使用，甚至乱用、滥用现象严重，致使农药和化肥成为农村环境污染的主要污染源。

1. 农药污染

农药在农业生产中，对病虫害的防治和农产品产量的提高发挥着重要作用，但同时农药的大量施用导致的农药流失和残留问题，已经成为越来越突出的农村环境问题之一。农药的毒性大，残留时间长，具有化学和生物稳定性。流失的大量农药残留在土壤、水体和空气中，参与生态环境系统循环，严重威胁着环境安全和人体健康。一些农药还具有环境激素效应，对人和动物的内分泌系统、免疫系统等产生干扰作用，影响生殖机能。

（1）施用量过大，利用率较低

目前，我国农药施用量远高于世界平均水平，是世界上最大的农药施用国。根据国家统计局的统计数据，我国农药施用量 1990 年为 73.3 万 t，1995 年为 108.7 万 t，2000 年为 128.0 万 t，2003 年为 132.5 万 t，2004 年为 138.6 万 t，2005 年为 146 万 t，2006 年 153.7 万 t，2007 年 162.3 万 t（图 1-2）。农药总量中化学农药占总量的 93.3%，生物农药仅占 6.7%，化学农药中高毒、高残留农药占了 30%以上。从统计数据中可以看出，我国农药施用量呈逐年上升的趋势，2007 年农药的总施用量是 1990 年的 2.2 倍，超过世界农药施用总量的 30%。单位面积耕地农药施用量从 1990 年的 7.66 kg/hm^2 增加到 2007 年的 13.33 kg/hm^2，而发达国家耕地农药平均施用量仅为 7 kg/hm^2。相比高涨的施用量，我国农药利用水平较低，利用率有的只有 10%～20%，余下的则流失在水体、土壤和空气中。

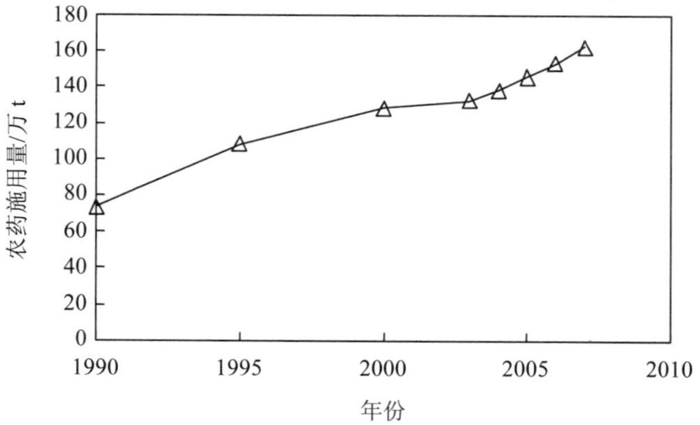

图 1-2　我国农药施用量

（2）施用方法不科学

农药施用方法的不科学、不合理，也是造成目前农药污染的原因之一。一是大部分农民单纯认为大量喷洒效果更佳，而导致过量施用；二是农民在使用农药时，搭配不合理，为了防治抗药性病虫害，采用增大剂量或多种农药混合的方法；三是施药次数增加，由过去的每年 1～2 次，发展到现在的十几次甚至数十次以上。

（3）质量不过关

由于我国农药生产企业的技术水平有限，产品质量较差，农民为达到药效，不得不加大剂量，从而进一步加深了环境污染。农业部农产品质量安全监督检验测试中心于 2004 年对浙江 11 家农药经销店的农药抽检结果显示，在抽检的 55 批次农药中，有 17 批次不合格，不合格率达到了 30.9%。

2．化肥污染

我国因化肥施用而导致的农村污染问题，主要原因是化肥施用量过高、肥料配比不合理和流失严重等，造成了水体富营养化、硝酸盐残留超标、土壤板结、耕地质量差等农业污染。

（1）施用量过高

近年来，为了提高土地生产力，我国农业生产中化肥使用量逐年增长。根据国家统计局的统计数据，我国化肥施用量（折纯量）1990 年为 2 590.3 万 t，1995 年为 3 593.7 万 t，2000 年为 4 146.4 万 t，2006 年为 4 927.7 万 t，2007 年为 5 107.8 万 t（表 1-1）。全国化肥的施用量 2007 年比 1990 年增加了近 2 倍，占了世界总施用量的 30%左右。单位耕地面积使用量达到 420 kg/hm^2，远远超过国际上为防止水体污染而设置的 225 kg/hm^2 的化肥使用安全上限。2007 年世界主要国家化肥施用量见表 1-2。

表 1-1 中国主要年度化肥施用量 单位：万 t

	1990 年	1995 年	2000 年	2006 年	2007 年
化肥施用量	2 590.3	3 593.7	4 146.4	4 927.7	5 107.8 *
氮肥	1 638.4	2 021.9	2 161.5	2 262.5	2 297.2
磷肥	462.4	632.4	690.5	769.5	773.0
钾肥	147.9	268.5	376.5	509.7	533.6
复合肥	341.6	670.8	917.9	1 385.9	1 503.0

* 见参考文献[1]。依各项逐加，应为 5 106.8，盖原文如此。

表 1-2 2007 年世界主要国家化肥施用量 单位：万 t

国家	化肥施用总量	氮肥	磷肥	钾肥
世界	16 978	10 062	3 950	2 966
中国	3 603	2 297	773	533
日本	176	62	64	51
韩国	60	25	17	18
加拿大	179	99	60	20
美国	2 528	1 449	505	574
法国	349	220	56	73
德国	230	160	26	44
俄罗斯	152	91	37	23
英国	150	97	23	31
澳大利亚	190	84	84	22

（2）利用率低

我国化肥有效利用率较低，进一步加重了化肥污染问题。目前我国的化肥利用率不及西方发达国家的 1/2，平均只有 30%～50%，其余通过各种途径流失。其中根据统计，氮肥平均利用率为 30%～35%，磷肥为 10%～20%，钾肥为 35%～50%。综合各地试验结果，我国化肥平均总损失率在 60%左右，其中以气态挥发损失约 20%，硝化脱氮损失 15%，地下渗漏损失 10%，农田排水和暴雨径流损失 15%。

（3）配比不合理

我国化肥施用中，长期以来存在氮、磷、钾肥施用配比不合理的问题。化肥施用中以氮肥为主，磷肥和钾肥施用量过少。2007 年氮肥、磷肥和钾肥施用量分别为 2 297.2 万 t、773.0 万 t 和 533.6 万 t，氮、磷、钾肥施肥比为 1∶0.34∶0.23，与 1990 年的 1∶0.28∶0.09 相比有所提高，尤其是钾肥的增幅比例较大。但参照发达国家和世界平均水平，2002 年美国和世界平均水平的氮、磷、钾肥施用比分别为 1∶0.36∶0.42 和 1∶0.4∶0.27，由此可见，我国目前的施肥配比仍然不够合理，仍然是氮肥施用过多，而磷肥、钾肥较少。我国耕地目前缺钾形势非常严重，缺钾耕地已占耕地总面积的 56%以上。

（4）有机肥比例低

我国有机肥投入比例一直较低。有机肥施用量 1949 年为 443 万 t，2002 年增加到 1 976 万 t，是前者的 4.46 倍，但同期无机肥投入量从 1949 年的 0.4 万 t 增加到 2002 年 4 412 万 t，是前者的 11 030 倍。舍弃有机肥、过分地依赖无机肥，将导致土壤肥力下降、质量衰退，最终影响耕地综合生产能力。

（二）农膜使用过量及残存问题

农膜技术的采用，有效地提高了农业产量，改变了种植结构；但同时带来的农膜残留问题，破坏了土壤的本来结构，造成了耕地质量的下降，阻碍了农作物的正常生长，已经严重影响了农业的发展。农膜包括农用地膜和农用棚膜。2007年农膜使用量为 1 937 468 t，是 1990 年（481 982 t）的近 4 倍。其中地膜覆盖面积 2007 年约 1 500 万 hm^2，使用量达到 105.6 万 t，与 1991 年的覆盖面积 491 万 hm^2 和使用量 31.9 万 t 相比，分别是后者的 3 倍和 3.3 倍。

地膜是一种人工合成的高分子化合物，主要成分是聚乙烯化合物和树脂，在自然条件下需要上百年的时间才能完全降解，因此在没有有效的回收手段的情况下，地膜将长时间地残留在农田土壤中。土壤中的地膜会导致土壤结构层次的变化，阻碍水分、养分的向下运移，降低土壤孔隙度和通透性，不利于土壤空气的流通，最终造成耕地质量下降和农作物的减产。并且土壤中的地膜有可能与生长期的农作物的根系缠绕，从而导致水分、养分的吸收被阻断，造成作物死苗。而农民为了减少生产投入，生产厂家为了迎合农民需求，降低生产成本，地膜的厚度越来越薄。按照《聚乙烯吹塑农用地面覆盖薄膜》(GB 13735—92)，地膜厚度最小为 0.008 mm。但目前多为 0.005～0.006 mm 厚度的超薄型地膜。于是导致地膜强度低、易破碎，在使用后难以回收。

由于缺乏有效的农膜回收手段，回收以人工捡拾为主。近年来虽有机械回收的示范应用，但受成本与效益的限制，没有能够大范围的推广。加之农民对于地膜的危害性认识不强，农膜回收带来的经济效益过低，都导致了农膜回收不理想。

（三）农作物秸秆的处置

秸秆是农作物收获后剩余的残留物，其中有机质含量约 15%，平均含碳 44.22%，氮 0.62%，磷 0.25%，钾 1.44%，还有镁、钙、硫及其他微量元素。随着我国农业生产的发展和农作物产量的提高，农作物秸秆产量也有显著增加，导致秸秆污染问题日益突出。根据农作物秸秆产量系数和农产品产量而推算出的数据显示：我国农作物秸秆总量已经从 1983 年的 5.7 亿 t 增长到 2006 年的 9.2 亿 t，增长了近 1 倍。

但秸秆处置缺乏有效的技术支撑，其作为燃料的比例越来越小；而其作为饲料，存在消化率低的问题；汽化中的焦油问题也没有有效的解决手段。据统计，目前利用率不足 15%，焚烧仍是秸秆的主要处置方式。

秸秆焚烧后，有机质、氮、磷等营养成分将全部损失，仅能利用所含钾的40%，最终导致土壤盐碱度增高，种子发芽率的下降。秸秆焚烧还会对土壤微生物的生存造成威胁。土壤中的微生物生存的温度范围一般在15～40℃，而秸秆的焚烧将大幅度地增高地表土壤的温度，影响微生物对土壤有机质的转化、养分的释放及供应，导致土壤质量的下降。焚烧后形成的烟尘严重污染大气环境，这也是酸雨形成的原因之一。另外刚收割的秸秆，因其水分含量较高，如果燃烧不充分，还会产生氮氧化合物、碳氢化合物和二氧化硫等有害气体。烟尘导致能见度降低，影响交通通行。焚烧时的不慎和控制不当，还会诱发火灾的发生。

五、乡镇工业

乡镇工业发展到今天已形成一个包括几十个大行业、几百个小行业的中小工业体系，几乎包含了我国所有的产业类型。据农业部乡镇企业局统计，到2006年，我国乡镇企业全年增加值已达57 500亿元，其中工业增加值40 800亿元。与此相伴随的，则是乡镇工业对环境的污染也几乎包含了城市大工业所有的污染类型，少数产业对环境的污染显得尤为突出。并且由于近年来城市环境污染治理力度加大，一些能耗高、污染重、难以治理的企业开始向农村地区转移。

据2003年原国家环境保护总局自然生态保护司农村处公布的资料，乡镇工业化学需氧量、粉尘和固体废物排放量占全国工业污染物排放总量的比重均接近或超过50%。国家环保总局在2006年发布的《国家农村小康环保行动计划》中指出："特别是乡镇工业企业布局分散、设备简陋、工艺落后，企业污染点多面广，难以监管和治理，因污染引发的民事纠纷事件呈上升趋势，环保纠纷已成为继征地、拆迁之后又一影响社会稳定的新问题。"

由此可见，乡镇企业已经对农村环境造成了严重的影响，在加强城市工业环境治理的同时，也要对农村工业的污染物排放加以控制。

参考文献

[1] 国家统计局．2008年中国农村统计年鉴，2009.

[2] 环境保护部．2009年中国环境状况公报，2010.

[3] 彭举威，汪诚文，付宏祥，等．我国农村水污染现状及治理措施[J]．中国资源综合利用，2010，28（2）：44-45.

[4] 高翔云，汤志云，李建，等．国内土壤环境污染现状与防治措施[J]．环境保护，2006（4）：

50-53.

[5] 杨国丽．农村水环境存在的问题及治理对策[J]．水利电力科技，2006，32（4）：39-41.

[6] 陈峰滔．试论农村水污染的治理[J]．海峡科学，2007（5）：75-77.

[7] 毛绍春，李竹英．土壤污染现状及防治对策初探[J]．云南农业，2005（5）：26-27.

[8] 郝亚琦，王益权．土壤污染现状及修复对策[J]．水土保持研究，2007，14（3）：249-250，253.

[9] 林强．我国的土壤污染现状及其防治对策[J]．福建水土保持，2004，16（1）：25-28.

[10] 罗兰．我国地下水污染现状与防治对策研究[J]．中国地质大学学报，2008，8（2）：72-75.

[11] 毕于运，王亚静，高春雨．我国秸秆焚烧的现状危害与禁烧管理对策[J]．安徽农业科学，2009，37（27）：13181-13184.

[12] 周爱萍．我国农村水污染现状及防治措施[J]．安徽农业科学，2009，37（9）：4345-4346，4348.

[13] 唐克旺，吴玉成，侯杰．中国地下水资源质量评价（Ⅱ）——地下水水质现状和污染分析[J]．水资源保护，2006，22（3）：1-4，8.

[14] 张笑归，刘树庆，宁国辉，等．我国农村环境污染现状及其对策研究[J]．河北农业科学，2009，13（4）：100-102.

[15] 姚伟，曲晓光，李洪兴，等．我国农村垃圾产生量及垃圾收集处理现状[J]．环境与健康杂志，2009，26（1）：10-12.

[16] 黄山松．我国农村水污染现状及防治对策[J]．工程与建设，2008，22（2）：224-226.

[17] 张斌贝，陈玉成．新农村建设中的农村垃圾问题[J]．安徽农业科学，2007，35（4）：1152-1153.

[18] 李晓光，周其文，胡梅，等．中国畜禽粪便污染现状及防治对策[J]．中国农学通报，2008，24：77-80.

[19] 袁平．农业污染及其综合防控的环境经济学研究[D]．北京：中国农业科学院，2008.

[20] 李海鹏．中国农业面源污染的经济分析与政策研究[D]．武汉：华中农业大学，2007.

[21] 李绪兴．水产养殖与农业面源污染研究[J]．安徽农学通报，2007，13（11）：61-67.

[22] 任军，边秀芝，郭金瑞，等．我国农业面源污染的现状与对策[J]．吉林农业科学，2010，35（2），48-52.

[23] 安鑫龙，周启星．水产养殖自身污染及其生物修复技术[J]．环境污染治理技术与设备，2006，7（9）：1-6.

[24] 何文清，严昌荣，赵彩霞，等．我国地膜应用污染现状及其防治途径研究[J]．农业环境科学学报，2009，28（3）：533-538.

[25] 刘凌波．乡镇工业发展与环境经济的利益博弈探析[D]．北京：北京交通大学，2008.

第二章　农村生活污水控制技术

第一节　农村污水性质及特点

农村污水是指农村地区居民在生活和生产过程中形成的污水。具体范围包括生产污水和生活污水两个方面。农村生活污水是指居民生活过程中厕所、洗浴、洗衣服和厨房排放的污水等。农村生产污水是指畜禽养殖业、水产养殖业、农产品加工业等产生的高浓度有机废水，甚至包括降雨形成的村庄径流水及农田径流水。

一、污水水质

（1）农村生活污水浓度低，变化大，不同时段的水质不同。

（2）大部分农村生活污水中基本上不含有重金属和有毒有害物质（但随着人们生活水平的提高，部分生活污水中可能含有重金属和有毒有害物质），含一定量的氮、磷，可生化性强。

（3）厕所排放的污水水质较差，但可进入化粪池用做肥料。

农村生活污水污染物平均质量浓度见表 2-1。由于生活污水中污染物以有机物为主，同时还含有许多微生物，可以对有机污染物进行分解，因而生活污水是不稳定的、生物可降解的和易腐烂的，如果不经处理直接排放到环境中去会造成环境的污染。

表 2-1　农村生活污水污染物平均质量浓度　单位：mg/L（除 pH 外）

项目类别	COD_{Cr}	BOD_5	SS	pH
原污水	300～350	100～250	300～350	6.5

二、污水水量

（1）一般农村的生活污水量都比较小，除小城镇外，农村人口居住都较分散，水量相对较少，相应地产生的生活污水量也较小。

（2）变化系数大，居民生活规律相近，导致农村生活污水排放量早晚比白天大；夜间排水量小，甚至可能断流，水量变化明显，即污水排放呈不连续状态，具有变化幅度大的特点。

（3）在上午、中午、下午都有一个高峰时段。

（4）农村地区集中给水用水量为 20～35 L/（人·d），龙头安装到户的用水量为 30～40 L/（人·d），有淋浴设施设备的为 40～70 L/（人·d）。近年来，随着新农村建设的推进，农民生活水平日益提高，部分发达地区农村的用水量已接近城市居民用水量，因此，在确定用水量时，可参考表 2-2，并在调查当地居民的用水现状、生活习惯、经济条件、发展潜力等情况的基础上酌情确定。冬季东北严寒地区基本无淋浴、水冲厕所排水。

表 2-2 农村居民生活用水量参考取值

村庄类型	用水量/[L/（人·d）]
经济条件好，有水冲厕所和淋浴设施	80～135
经济条件较好，有水冲厕所和淋浴设施	40～90
经济条件一般，无水冲厕所，有简易卫生设施	40～70
无水冲厕所和淋浴设施，主要利用地表水、井水	20～40

（5）村庄生活污水排放量应根据村庄卫生设施水平、排水系统完善程度等因素确定，农村居民的排水量宜根据实地调查结果确定。在没有调查数据的地区，可采取如下方法确定排水量：洗浴和冲厕排水量可按相应用水量的 70%～90%计算；洗衣污水量为用水量的 60%～80%（洗衣污水室外泼洒的农户除外）；厨房排水则需要询问村民是否有他用（如喂猪等），如果通过管道排放则按用水量的 60%～85%计算。

三、排放体制特征

（1）农村村镇人口较少，分布广泛且分散。

（2）农村生活污水一般呈粗放型排放。很多农村尚无完善的污水排放系统，污水沿道路边沟或路面排放至就近的水体。少部分地区具有完善的污水排放系统。

（3）农村生活污水中有机物含量高，N、P 含量增多。人们无意识的排放和雨水的冲刷使大量的有机质和 N、P 等物质流入湖泊等水体，如果不加以处理利用，常常会引起富营养化，给人们的身体健康带来不利影响。

四、污水处理现状

1. 国外农村污水处理现状

许多国家在农村污水处理方面都取得了一定的成就，有很多值得我国借鉴的宝贵经验。日本在1977年实行农村污水处理计划，成立农村污水处理协会，负责研究适合农村污水的水处理设备。其设计了JARUS模式的15种污水处理装置，处理工艺主要是生物膜法和浮游生物法，具有体积小、成本低、操作简单的特点。而在欧洲和北美目前已有 20%～30%的人口利用小型污水处理设施处理生活污水。1991年，欧洲颁布了农村生活污水处理标准。澳大利亚主要采用“过滤、土地处理与暗管排水相结合的污水再利用系统”——“FILTER”（非尔脱），该系统处理后得到的中水能满足作物养分的要求。挪威政府通过颁布法律，对污水就地处理进行管理，并对具体指标的处理与排放作出了详细规定。美国、西班牙颁布了农村污水处理技术的工艺选择和设计指导纲领。西班牙政府规定人口少于 2 000的村镇必须在2005年年底前建立污水处理系统，还成立了负责农村污水处理技术推广使用的专门机构。

2. 国内农村污水处理现状

我国对农村污水的研究起步较晚，且规模较小，在农村污水处理的技术和管理上落后于欧美发达国家，但国家对农村生态环境的重视程度在逐步提高。2006年国家环保总局颁布了《国家农村小康环保行动计划》，指出优先在我国农村水环境污染较严重的地区及水污染治理重点流域建设农村生活污水处理示范工程；到2010年基本完成1万个行政村生活污水处理设施示范建设。同时，国家“十一五”规划提出了建设社会主义新农村的重大历史任务，并明确了“生产发展、生活宽裕、乡风文明、村容整治、管理民主”的建设目标，这大力推动了农村污水处理设施建设。规划要求在北京、天津、河北、山西、陕西、山东、辽宁、吉林、黑龙江、内蒙古、宁夏、甘肃、青海、新疆等北方及沿海地区的缺水城市大力发展再生水利用，实现污水再生利用与污水处理能力的同步增长，建立健全污水再生利用产业政策，做好相关的技术准备。

我国北方部分农村及沿海地区大部分农村配有污水处理系统，以单村处理为主。如北京农村现在实行污水处理建设，多采用单村处理模式；只有部分相对集中的村落采用集中处理，还有少数靠近城镇的村落，污水管接入城市集中处理管网。分散布置模式采用的处理工艺主要有人工湿地、生物膜法、智能化小型污水处理工艺等。

第二节　污水处理模式

农村污水排放面广而分散，规模较小，人口居住密度低，住宅较为分散，因此不宜采用传统的城市污水收集及处理模式。故需根据农村的特点，结合地形地貌，因地制宜地采用多种收集及处理模式，这样才能有效地解决农村污水治理问题。依据现场调查状况，并结合国内、国际上乡村污水治理的先进经验，当前主要有两种污水收集布置模式，分别为集中处理模式、分散处理模式。

一、集中处理模式

污水集中处理模式：统一收集、统一输送、统一处理，即所有农户产生的污水进行集中收集，经污水管网统一输送，统一建设集中式污水处理设施处理村庄全部污水。污水处理采用自然处理、常规生物处理等工艺形式。

该处理模式的优点为：占地面积小、抗冲击能力强、运行安全可靠、出水水质好等。同时，其也有不少缺点：①需要高昂的基建费用和运行成本，其中80%的投资将用于污水收集管道的铺设；②集中式处理主要采用接触氧化法，耗能较大。

集中式处理模式适用于村庄布局相对密集、规模较大、经济条件好、村镇企业或旅游业发达、处于水源保护区内的单村或联村污水处理。鉴于我国国情，目前这种处理模式主要用于城乡结合部，即村庄附近有城市管网的地区，村庄内所有农户污水经污水管道集中收集后，统一接入邻近的市政污水管网，利用城镇污水处理厂统一处理村庄污水。

二、分散处理模式

污水分散处理模式，即将农户污水按照分区进行收集，以稍大的村庄或邻近村庄的联合为宜，每个区域污水单独处理。污水分片收集后，采用中小型污水处理设备或自然处理等形式处理村庄污水。

该处理模式具有投资小、布局灵活、施工简单等优点。但也有不便于集中管理，日常运行管理难度大等不足。

这种处理模式非常适用于经济力量薄弱、处理水量较小的广大农村地区。

三、分散式生活污水处理技术选择原则

比较上述两种污水处理模式并进行综合考虑，分散式处理较好，不管从经济

效益还是社会效益上看都较为适宜。

由于分散式生活污水主要有排放分散、量小且变化量大的特点，因此在选择处理技术时应充分考虑到以下几个方面：①处理工艺运行稳定，应能够使污水稳定达标排放，出水可实现直接回用于生活杂用水或景观、灌溉用水；②一次性投资建设费用相对较低，应在镇、乡、村的现有财政能力可承受范围之内；③运行费用少，不使用化学药剂、电耗低。设备的运行费用消耗必须与村镇地区居民承受能力匹配，在对当地村镇技术员进行培训后能使之正常运营和维护；④应结合当地的自然地理条件，如利用当地废塘、涂滩、废弃土地的同时注意节省占地面积，特别是不占用良田；⑤运行和管理较简单，设备对用户的操作水平要求不高，因此要求设备具有较高的自动控制水平，依托农村地区薄弱的技术和管理能力便能够进行处理设施的管理维护工作。因此，农村生活污水治理技术必须具备投资省、处理效率高、运行费用少、管理简单等特点。

第三节 污水处理技术

一、生态处理技术

（一）人工湿地

人工湿地是由人工建造和控制运行的与沼泽地类似的地面，将污水、污泥有控制地投配到经人工建造的湿地上，污水与污泥在沿一定方向流动的过程中，主要利用土壤、人工介质、植物、微生物的物理、化学、生物三重协同作用，对污水、污泥进行处理的一种技术。其作用机理包括吸附、滞留、过滤、氧化还原、沉淀、微生物分解、转化、植物遮蔽、残留物积累、蒸腾水分和养分吸收及各类动物的作用。

人工湿地（CW）是独特的土壤—植物—微生物—动物系统，根据优势大型植物的生长形式，CW 分为大型自由漂浮、大型沉水和大型挺水植物系统，前两者一般用于河流和湖泊的生态修复，而对于污水处理一般选用的是大型挺水植物系统。从工程设计的角度出发，按照系统布水方式的不同或污水在系统中流动方式的不同，以大型挺水植物为主要植物物种的 CW 系统一般可分为自由表面流人工湿地系统（Free Water Surface Constructed Wetland，FWS）和潜流人工湿地系统（Subsurface Flow Constructed Wetland，SFW），后者又包括水平流（Horizontal

Subsurface Flow，HF）和垂直流（Vertical Subsurface Flow，VF）两种类型。不同类型人工湿地对污染物的去除效果不同，具有各自的特点。

自由表面流人工湿地类似于沼泽，废水在填料表面漫流，水位较浅，多在0.1～0.9 m。废水进入人工湿地系统时，绝大部分有机物的去除是由长在植物上的水下茎、秆上的生物膜来完成的，因而这种湿地系统难以充分利用湿地基质和植物根系对污染物的降解作用，处理能力较低。同时，其卫生条件较差，在夏季易发出难闻气味和易滋生蚊虫，传播疾病。在寒冷地区，冬季水体易结冰，以致系统的处理效果受温度的影响较大。但其造价在三种湿地中最低，对磷的去除效果要好于潜流型人工湿地，其在北美应用较多，在我国和其他国家则大都不采用。该类型人工湿地多用于气候温和、有广阔土地条件的大型城市污水处理系统，见图 2-1。

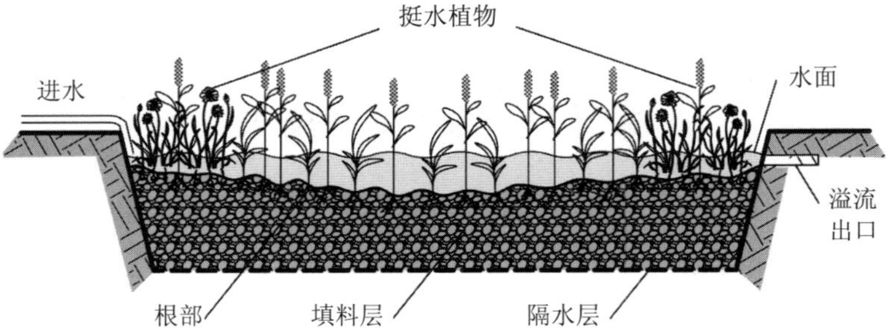

图 2-1 自由表面流人工湿地

水平潜流型人工湿地是在床体中填充一些填料（如砾石、炭渣等），废水在填料表面以下渗流，不直接暴露于空气中，可以充分利用基质表面上的微生物及植物根系上的生物膜来净化污水，水力负荷比自由表面流湿地大。由于水在基质中呈水饱和状态，因而湿地系统一般呈缺氧状态，但由于水生植物可传输较多的氧进入根系，根区附近呈好氧状态，所以在系统中形成了连续的好氧、缺氧及厌氧状态，这对于污染物的去除，特别是除氮具有重要意义。另外，由于水流在填料表面以下流动，具有保温性好、处理效果受气温影响小的特点，卫生条件也较好，是目前研究和应用较多的一种湿地处理系统。但该湿地系统的投资要比表面流湿地系统高，控制相对复杂。HF 系统在欧洲该系统中的优势植物常为普通芦苇，故也常被称为“芦苇床处理系统（Reed Bed Treatment System，RBTS）”，在美国则为“植物淹没床（Vegetated Submerged Bed，VSB）”，见图 2-2。

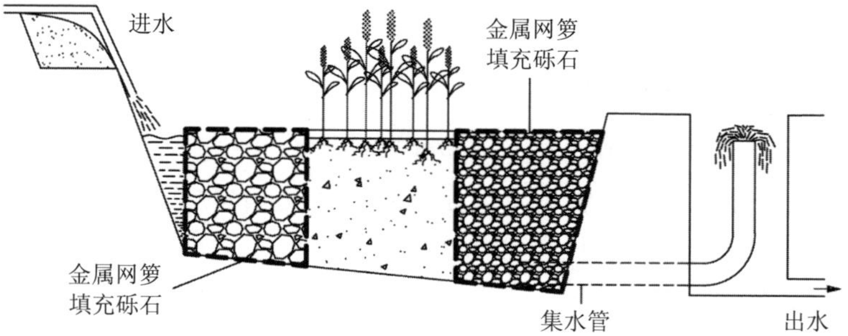

图 2-2　水平潜流型人工湿地

垂直流人工湿地系统中的水流在填料床中由上而下或由下而上做竖向流，污染物去除机理基本与水平潜流型人工湿地相同。与自由表面流人工湿地相比，垂直流人工湿地的床体处于不饱和状态。氧气可通过大气扩散和植物传输进入人工湿地系统，其硝化能力高于水平潜流型人工湿地，对污水，尤其是对氮、磷有较高的处理能力，出水效果是最好的。这种系统的布水、集水系统复杂，因此对基建要求高。近年来这种类型的人工湿地受到了更多的重视。

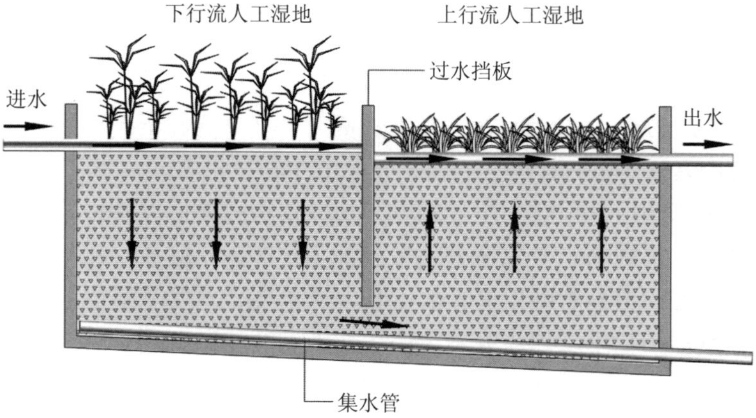

图 2-3　复合垂直流人工湿地

1. 工艺特点

（1）基建投资省，单位投资一般为 600～800 元/m^3。

（2）操作简单、维持技术低、能耗低，运行成本约为 0.20 元/m^3。

（3）出水水质良好，抗冲击力强，增加绿地面积，改善和美化生态环境。

（4）单位处理水量的占地面积为 1.20～2.80 m^2/m^3，比较适用于农业区、用地不紧张的小城镇。

2．技术原理

其净化原理是人工湿地在对废水的处理过程中综合了生物、物理、化学三方面的作用，通过基质过滤、吸附、沉淀、离子交换、络合反应、硝化和反硝化作用、植物对营养元素的摄取和微生物分解等来实现对污水的高效净化。湿地填料表面和植物根系中存在大量的微生物，形成生物膜，废水流经湿地时，悬浮物被填料及根系阻挡截留，有机质通过生物膜的吸附及同化、异化作用得以去除。湿地系统中因植物根系对氧的传递释放，其周围的微环境中依次呈现出好氧、缺氧和厌氧状态，保证了废水中的氮、磷不仅能被植物及微生物作为营养成分直接吸收，还可以通过硝化、反硝化作用及微生物对磷的积累作用从废水中去除，最后通过湿地基质的定期更换或植物收割使污染物质最终从系统中去除。

人工湿地系统是个完整的生态系统，它主要是由基质、植被、水体、微生物四个基本要素组成，各组成部分协同作用。

（1）基质

人工湿地基质又称为填料，用来支撑湿地植物，蓄纳污水和为污染物提供物理、化学和生物转化场所。填料的选择应尽量就地取材，容易获得且价格便宜，常用的人工湿地基质主要包括砾石、鹅卵石、碎石、砂、煤渣、土壤、有机质等。基质在人工湿地对污染物的去除效果上发挥着重要作用，基质选材主要考虑基质的质地、有机质含量、pH 值、电导率等，同时需要考虑待处理污水的类型、地理因素和经济因素。

基质质地影响植物根系的生长深度和支撑植物的能力以及污染物在人工湿地中的滞留时间，是影响 CW 系统处理效果的重要因素。砂质、粗结构的土壤滞留污染物的能力低，但是有助于根系的生长，通常要在这类基质中添加一些有机质以补给养分改善植物生长。粒度中等的壤质土结构松散，利于根系发育，是理想的人工湿地基质。密实的基质，如黏土和页岩，不仅限制植物根系发育，缺少养分，且导水系数低，往往不能作为基质。另外，选用高效吸附氮磷填料是提高人工湿地氮磷效率的重要措施之一。选择人工湿地填料一方面要考虑到氮、磷净化要求；另一方面还要考虑填料的通透性和湿地植物生长的适应性。从通透性、植物生长的适应性和氮、磷吸附能力来看，沸石和蛭石可以直接作为潜流人工湿地的填料。矿渣和粉煤灰虽然对磷的净化能力很强，但其碱性较高，不适合植物生长，不能直接作为人工湿地填料。为了提高整个系统的氮磷净化能力，可以考虑将沸石、蛭石等氮素吸附能力较强的填料和矿渣、粉煤灰等磷素吸附能力较强的填料，混合后按一定比例掺到黄沙层中间，作为人工湿地填料氮磷吸附层。

有机质含量是基质选择的重要因素之一，因为植物的良好生长和微生物的活性需要足够的有机质。但是有机质含量过高的基质的氧化还原电位通常很低，不适合用来处理高浓度的有机废水。

基质的 pH 和电导率都影响植物的生长和微生物过程及养分的可利用性。

（2）植被

植被是人工湿地的重要组成部分，它最主要的功能就是向基质输送氧气，为微生物降解污染物创建好氧微环境。最常用的人工湿地植物是自然湿地挺水植物，如芦苇和香蒲等。但是由于人工湿地的植物必须能忍耐长期的淹水和浓度时常变化的各种污染物，因此并不是所有的湿地植物都适合污水处理。选择人工湿地植被的首要原则是植物有发达的根系，并且能迅速扩繁，因为大的生物量、大的茎干根系密度不仅能最大限度地吸收污染物、为微生物提供更好的生长环境，而且能稳固基质和增强基质传导功能。其次，植物必须具有良好的通气组织，以便有效地将氧输送到根际，为植物根系和微生物创造良好的微生境。

人工湿地植物因尽可能选用当地的乡土植物，因为它们更能适应当地的气候、土壤和周围的动植物环境。

（3）水体

水文系统是控制湿地生态、物理和化学特征的最重要的因素。湿地中水的运动受降雨、风、蒸发、基质的性质及植物的影响。对于人工湿地而言，这些因素将以各种方式影响污水处理的效果。例如，降雨可以稀释污水的浓度、增加出水径流，从而缩短污水中的污染物与人工湿地生态系统相互作用的时间。相反，蒸发作用则会浓缩污水、减少出水，从而增加污水的水力停留时间。

（4）微生物

人工湿地的许多功能是由微生物及其代谢作用调节的。人工湿地中的微生物包括细菌、酵母菌、真菌、原生动物和藻类，它们是净化废水的主要贡献者，是人工湿地主要的有机碳汇。微生物的作用是：转化有机物质或无机物质为无毒或不可溶物质、改变基质的氧化还原条件来影响湿地的处理能力、参与湿地的养分循环。随着污水处理时间的增加，人工湿地某些微生物的数量逐渐增加，并形成能适应并利用污水中污染物的特定的群落。在这些微生物中，有的是好氧的，主要分布在植物根际；有的是厌氧的，分布在远离根系的区域；还有许多微生物是兼性的，能在好氧和厌氧环境中生存。在人工湿地运行中要注意重金属、杀虫剂等能抑制微生物活性的毒性污染物浓度的控制和管理。

3．处理对象

人工湿地处理系统具有高效率、低投资、低运转费、低维持技术和低能耗等优点，目前应用于河流和湖泊的生态修复、农业径流的污染治理以及中小型的城镇污水处理系统中。对于处理城市污水的系统，潜流人工湿地出水一般可优于二级出水标准或更高，各类人工湿地系统对有机物和悬浮物一般都有比较好的去除效果，其中 BOD_5 去除率达 85%～95%，COD 的去除率可达 80%以上，SS 去除率达 90%；在进水浓度较低的条件下，出水中 BOD_5 可小于 10 mg/L，SS 小于 20 mg/L。但在 N、P 的去除效果上，不同类型的人工湿地系统差异较大，自由表面流人工湿地和水平潜流型人工湿地一般难以获得较高的 N、P 去除率，而垂直潜流型人工湿地因其独特的水流方式和构造结构有利于微生物的硝化和反硝化作用发生，可以获得较好的脱氮除磷效果，一般对 TN 的去除率可达 60%以上，TP 的去除率可达 50%～60%；通过合理调控和添加高效吸附氮、磷填料等手段，对 TN 和 TP 的去除率甚至达到 90%以上。此外，人工湿地还能有效地去除污水中的重金属和病原菌。

植物的种植可以提高人工湿地对污染物的去除效率，污水进入人工湿地系统，植物能通过吸收、吸附和富集作用而去除污水中的有机物、氮、磷及重金属等污染物，研究表明种植植物的潜流湿地与不种植植物的人工湿地系统相比，其 BOD_5 去除率可提高 10%～20%，而 SS 的去除率更可提高 40%以上。植物吸收氮、磷是人工湿地去除氮磷的主要机理之一，研究表明每克干重芦苇、香蒲能净吸收污水中的氮 15～32 mg，但在处理生活污水的 CW 中，通过收割植物去除的氮磷量一般较小，通常在 20%以内；而在低浓度污水处理的 CW 中，收割植物是重要的氮和磷去除途径。

人工湿地处理系统，在获得较高的处理效果的同时还具有以下优点：①人工湿地的基建费用低，一般仅占常规二级水处理厂的 1/3～1/2，管理和维护简单方便，基本不用消耗能源，运行费用仅为常规二级污水处理厂的 1/10。②对污水的负荷波动有一定的自适应能力，抗冲击能力较强。③在视觉上可起到美化环境的效果，甚至可以为濒危野生生物提供良好的栖息地，具有一定的生态效益。

但人工湿地也存在一些不足，主要表现为：①占地面积较大，一般是同等规模二级污水处理厂的 4～10 倍，所以人工湿地多建在土地价格较低的区域，如小城镇、经济欠发达地区或不适宜建房的土地上。②冬季处理效果较差。生物（包括微生物和植物）是人工湿地净化污水的重要因素。在冬季气温较低时，生物活性下降，影响了净化效果。③水力和污染物的负荷冲击会暂时降低人工湿地的出水水质。④对生物有毒性的物质会对人工湿地中的生物有一定的伤害，所以人工湿地多用于有毒物质含量较少的生活污水。⑤对大排量工业废水的处理效果有待提高。

4. 工程实例——辽宁省昌图县污水处理厂

（1）工程背景

辽宁省铁岭市昌图县，位于辽宁省北部，一直以来昌图县生产、生活污水全部排入八一水库和马仲河，对水库、河流造成严重污染。为此，昌图县2008年建设污水处理厂，对县城生产生活污水进行处理，使其达标排放。污水处理工程采用了A/O+人工湿地的工艺。

根据昌图县环境监测中心站提供的2006年八一水库水质监测报告及昌图县近年来污水水质监测结果、环保部门对工业污染源的控制要求，参考国内外相似城市生活污水的水质指标，并适当地留有余地，确定昌图县污水处理厂的进水水质。

根据《城镇污水处理厂污染物排放标准》（GB 18918—2002）及辽宁省环保局对本地区污水处理厂的出水水质要求，排放水应执行一级标准的B标准。

据此确定该污水处理厂进、出水水质指标（表2-3）。

表2-3 污水处理厂各阶段出水水质指标表 单位：mg/L（除标出外）

项目①	进水	二级处理		人工湿地出水	
		出水	去除率/%	出水	去除率/%
COD_{Cr}	340	68	80	50	26.5
BOD_5	190	20	89.5	10	50.0
SS	200	20	90.0	10	50.0
NH_3-N	25	8	73.3	5	37.5
TN	35	20	50.0	15	25.0
TP	4	1	85.7	0.5	50.0

①指质量浓度。

（2）工艺流程

该工程采用A/O +人工湿地组合工艺，污水首先进入格栅井，去除残渣等漂浮物和大颗粒物，之后进入A/O池。A/O池的作用是将污水中的颗粒状的无机、有机物质和寄生虫卵沉淀分离，去除大部分悬浮物，减少进入湿地的悬浮物浓度。A/O池通过好氧分解过程杀灭、抑制、去除部分病原菌，并降解部分有机物。A/O池出水进入人工湿地系统，污水得到进一步的净化，出水达标后排放。具体工艺流程见图 2-4。

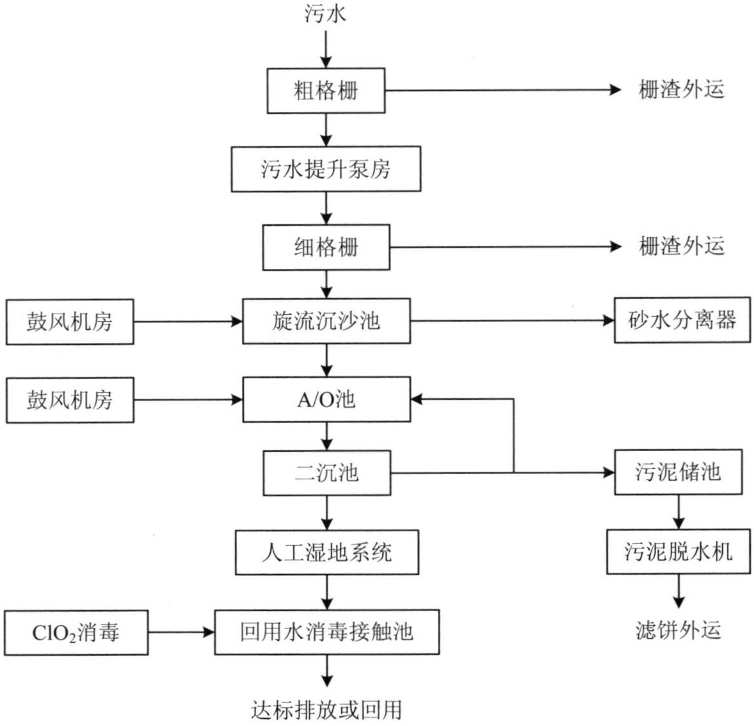

图 2-4 辽宁省昌图县污水处理厂工程工艺流程

该工程采用潜流湿地系统，污水在湿地床的内部流动，一方面可以充分利用填料表面生长的生物膜、丰富的根系及表层土和填料截流等的作用，以提高其处理效果和处理能力；另一方面由于水流在地表以下流动，故具有保温性较好、卫生条件好和处理效果受气候影响小等特点。

（3）主要构筑物及参数

1）粗格栅及污水提升泵站

外型尺寸 17 m×9 m。最大设计流量 0.347 m^3/s。主要设备包括：回转式格栅除污机 2 台、污水提升泵 3 台（2 用 1 备）、潜水排污泵 1 台、栅渣输送压榨一体机 1 套。

2）细格栅

外型尺寸 18 m×9 m。最大设计流量 0.347 m^3/s。主要设备包括螺旋细格栅 2 套、无轴螺旋输送机 1 套、栅渣输送机 1 套。

3）旋流沉沙池

外型尺寸*Φ*2.5×2.74 m。设计规模 2 万 m^3/d，总变化系数为 1.5，表面负荷 127 $m^3/(m^2\cdot h)$，水力停留时间 50 s。主要设备包括：旋流沉沙搅拌装置 2 套、气动提沙装置 2 套、罗茨风机 2 套、沙水分离器 1 套。

4）A/O 生化池

外型尺寸 26 m×24 m×7.0 m。设计规模 2 万 m^3/d，日变化系数为 1.2，设计最大处理量 0.278 m^3/s，污泥负荷 0.10 $kgBOD_5/(kgMLSS\cdot d)$，池内混合液浓度 MLSS 3 000 mg/L，内回流比 150%～300%，污泥回流比 50%～100%。主要设备为潜水搅拌器 8 台、管式曝气器 1 000 m、内回流污泥泵 4 台。

5）二沉池

外型尺寸*Φ*25×4.7 m。设计流量 0.278 m^3/s，沉淀时间 3.0 h，设计表面负荷为 1.02 $m^3/(m^2\cdot h)$。主要设备为中心刮吸泥机 2 台。

6）人工湿地系统

外型尺寸 3.2 万 m^2，总水力负荷 0.75 m/d，垂直流湿地总深度 1.5 m，水平流湿地深度 1.2 m。

7）消毒接触池

外型尺寸 56 m×11.2 m×3.0 m。设计流量 0.278 m^3/s，停留时间 0.5 h。主要设备有排水泵 2 台。

8）污泥回流泵房

外型尺寸 12.0 m×7.2 m。回流污泥量按 100%计，最大污泥回流量为 1 000 m^3/h，剩余污泥输送量为 158 m^3/d，含水率 99.2%。主要设备包括：排水泵 2 台、回流污泥泵 3 台（2 用 1 备）、剩余污泥泵 2 台（1 用 1 备）。

9）污泥储池

外型尺寸*Φ*3.5×3.5 m。停留时间 4.0 h。主要设备包括：潜水搅拌机 1 台。

10）鼓风机房、变电所

外型尺寸 18 m×9 m。气水比按 8∶1 计，压力 72 kPa。主要设备包括：离心鼓风机 3 台（2 用 1 备）、放空阀及消声器 3 套。

11）污泥脱水机房

外型尺寸 18.0 m×9.0 m。干污泥量为 1.264 t/d，脱水后污泥体积为 6.32 m^3/d，含水率为 80%。主要设备包括：离心污泥浓缩脱水机 2 套（1 用 1 备）、污泥粉碎机 2 台、螺旋输送机 2 台、絮凝剂添加泵 2 套。

12）加药间

外型尺寸 12 m×6.0 m。设计加氯量 10 mg/L，加药量 10 kg/h。主要设备包括：

二氧化氯发生器 2 台（1 用 1 备）。

（4）处理效果

辽宁省铁岭市昌图县污水处理厂采用 A/O+人工湿地污水处理技术，具有投资省、运行简便、处理效果稳定、出水水质好等诸多优点，实际监测结果表明，该处理工程运行效果稳定，出水水质达到《城镇污水处理厂污染物排放标准》（GB 18918—2002）一级 B 标准，见表 2-4。同时，该处理工程设计使建筑与绿化有机结合，既处理了污水，同时还造就了一片绿洲，进而美化、净化环境。

表 2-4 昌图县污水厂设计进出水水质及去除率一览表 单位：mg/L

项目	COD_{Cr}	BOD_5	SS	NH_3-N	TN	TP
进水	340	190	200	25	35	4
出水	50	10	10	5	15	0.5
去除率/%	85.29	94.74	95.00	80.00	57.14	87.50

（二）稳定塘处理技术

稳定塘是一种经过人工修整而设有围堤和防渗层的池塘，稳定塘处理技术是主要利用水生生物系统（菌藻共生系统和水生生物系统），依靠自然生物净化功能使污水得到净化的生物处理技术。这种污水处理系统具有基建投资和运转费用低、维护和维修简单、便于操作、能有效去除污水中的有机物和病原体、带有厌氧塘或兼性塘的塘系统无须污泥处理等优点，是实现经济欠发达地区污水处理迅速发展和实施污水资源化利用的有效方法，因而稳定塘处理技术是近年来我国着力推广的一项新技术。

1. 工艺特点

（1）能充分利用地形，结构简单，建设费用低

采用污水处理稳定塘系统，可以利用荒废的河道、沼泽地、峡谷和废弃的水库等地段建设；结构简单，大多以土石结构为主；具有施工周期短，易于施工和基建费低等优点。污水处理与利用生态工程的基建投资约为相同规模常规污水处理厂的 1/3～1/2。

（2）可实现污水资源化和污水回收及再用，实现水循环，既节省了水资源，又获得了经济收益

稳定塘处理后的污水，既可用于农业灌溉，也可在处理后的污水中进行水生植物和水产的养殖。将污水中的有机物转化为水生作物、鱼、水禽等物质，提供

给人们使用或其他用途。如果考虑综合利用的收入，可能到达收支平衡，甚至有所盈余。

（3）处理能耗低，运行维护方便，成本低

风能是稳定塘的重要辅助能源之一，经过适当的设计，可在稳定塘中实现风能的自然曝气充氧，从而达到节省电能、降低处理能耗的目的。此外，在稳定塘中无须复杂的机械设备和装置，这使稳定塘的运行更稳定并能保持良好的处理效果，而且其运行费用仅为常规污水处理厂的 1/5～1/3。

（4）美化环境，形成生态景观

将净化后的污水引入人工湖中，用做景观和游览的水源。由此形成的处理与利用生态系统不仅将成为有效的污水处理设施，而且将成为现代化生态农业基地和游览的胜地。

（5）污泥产量少

稳定塘污水处理技术的另一个优点就是产生污泥量小，仅为活性污泥法所产生污泥量的 1/10，前端处理系统中产生的污泥可以送至该生态系统中的藕塘、芦苇塘或附近的农田，作为有机肥加以使用和消耗。前端带有厌氧塘或兼性塘的塘系统通过其底部的污泥发酵坑使污泥发生酸化、水解和甲烷发酵，从而使有机固体颗粒转化为液体或气体，可以实现污泥等零排放。

（6）能承受污水水量大范围的波动，其适应能力和抗冲击能力强

稳定塘不仅能够有效地处理高浓度有机物水，也可以处理低浓度污水。稳定塘处理系统具有基建投资省、运行费用低、管理维护方便和运行稳定可靠等诸多优点，不足之处就是占地面积大、净化效果受气温等自然因素影响。如小城镇附近有可利用的天然养鱼塘、天然废塘等条件，则可考虑采用该处理系统。

2. 技术原理

稳定塘是以太阳能为初始能量，通过在塘中种植水生植物，进行水产和水禽养殖，形成人工生态系统。在太阳能（日光辐射提供能量）作为初始能量的推动下，通过稳定塘中多条食物链的物质迁移、转化和能量的逐级传递、转化，将进入塘中污水的有机污染物进行降解和转化，最后不仅去除了污染物，而且以水生植物和水产、水禽的形式作为资源回收。净化的污水也可作为再生资源予以回收再用，使污水处理与利用结合起来，实现污水处理资源化。

人工生态系统利用种植水生植物、养鱼、鸭、鹅等形成多条食物链。其中，不仅有分解者生物即细菌和真菌，生产者生物即藻类和其他水生植物，还有消费者生物，如鱼、虾、贝、螺、鸭、鹅、野生水禽等，三者分工协作，对污水中的污染物进行更有效的处理与利用。如果在各营养级之间保持适宜的数量比和能量

比，就可建立多生态平衡系统。污水进入这种稳定塘中的有机污染物，首先被细菌和真菌降解净化，然后其降解的最终产物——一些无机化合物作为碳源、氮源和磷源，以太阳能为初始能量，参与到食物网中的新陈代谢过程，并从低营养级到高营养级逐级迁移转化，最后转变成水生作物、鱼、虾、蚌、鹅、鸭等产物，从而获得可观的经济效益。

3．处理对象

第一个有记录的塘系统是美国于 1901 年在得克萨斯州修建的。目前，全世界已经有 50 多个国家在使用稳定塘系统，其中法国有稳定塘 1 500 余座，德国 2 000 余座，美国 20 000 余座。在发展中国家，稳定塘的应用也比较广泛。例如，马来西亚工业废水总量的 40%都是利用稳定塘进行处理的。

由于稳定塘具有经济节能并能实现污水资源化等特点，所以受到我国政府的高度重视。我国利用稳定塘处理污水的研究始于 20 世纪 50 年代。我国政府对稳定塘一直采取鼓励扶植的措施。原国家环保局曾拨款 300 万元，资助齐齐哈尔对稳定塘进行了改建和扩建。到 1990 年为止，我国已经建成稳定塘 118 座，日处理污水量 190 万 t。

目前，稳定塘除了用于处理中小城镇的生活污水之外，还被广泛用来处理各种工业废水。此外，由于稳定塘可以构成复合生态系统，而且塘底的污泥可以用做高效肥料，所以稳定塘在农业、畜牧业、养殖业等行业的污水处理中也得到了越来越多的应用。特别是在我国西部地区，人少地多，氧化塘技术的应用前景非常广泛。

4．工程实例——山东省东营市污水处理与利用生态工程

（1）工程背景

东营市污水处理与利用生态工程于 2000 年 10 月建成，设计处理水量 10 万 t/d，占地面积约 110 hm^2，工程总投资 6 700 万元，是目前国内外应用稳定塘处理系统设计较为完善的一座污水处理厂。进水水质情况见表 2-5：

表 2-5 进水水质情况一览表

项目	BOD	COD	SS	TN	TP	NH_3-N
质量浓度/（mg/L）	70	150	70	30	5	20

该工程因地制宜，将现有的一个水库适当修整分隔后，改造成高效厌氧塘、曝气塘、曝气养鱼塘等处理单元；将附近的盐碱荒地建成养鱼塘、藕塘、芦苇塘等生态利用单元。

（2）工艺流程

1）本工程采用稳定塘处理系统，将污水的处理与利用有机地结合起来，实现了污水的资源化，这对于缓解东营市水资源短缺的矛盾具有重要的意义。

2）本工程在设计中特别注意了处理系统与周围环境的协调一致，注意了对环境的美化。堤坝修建整齐，全部采用毛石进行护砌；曝气养鱼塘作为人工景点，将污水处理厂建成了一座生态公园。

3）本工程同传统活性污泥法比较，具有基建投资省、运行费用低和维护管理方便等优点。

（3）主要构筑物及参数

1）细格栅

单组栅宽 1.4 m，栅条间隙 8 mm，栅条宽 10 mm，栅前有效水深 0.8 m，过栅流速 0.9 m/s，格栅安装角度 75°。

2）沉沙池

每组平面设计尺寸 12.0 m×3 m，有效水深 1.2 m，砂斗倾角 55°，砂斗高度 1.85 m。

3）高效复合厌氧塘

每组厌氧塘平均长约 138.88 m，宽约 65.87 m，有效水深 5.0 m，厌氧塘中污水停留时间为 1.68 d。

4）曝气塘

每组曝气塘平均长度 133.37 m，宽约 66.31 m，有效水深 3.6 m，污水在曝气塘中停留时间为 1.29 d。

5）曝气养鱼塘

塘总面积为 23.24 hm^2，塘有效水深 3.5 m，污水在塘中的水力停留时间为 8.13 d。

6）养鱼塘

养鱼塘总占地面积为 12.09 hm^2，有效水深 2.5 m，污水在其中的水力停留时间为 3.02 d。

7）藕塘

总面积为 7.56 hm^2，有效水深 1.2 m，污水在其中的水力停留时间为 0.91 d。

8）芦苇塘

芦苇塘Ⅰ和芦苇塘Ⅱ的占地面积分别为 18.09 hm^2 和 19.09 hm^2，有效水深平均为 0.5 m，在芦苇塘中总水力停留时间为 1.85 d。

（4）处理效果

本工程于 2000 年 10 月开始通水试运行，在养鱼塘中尚未放养鱼苗、藕和芦苇未开始种植的情况下，经现场检测，最终的出水完全符合我国污水综合排放二级标准（GB 8978—1996）的要求。

二、生物控制技术

（一）A/O 处理工艺

1. 工艺特点

A/O（Anoxic/Oxic）工艺，是在 20 世纪 70 年代初开创的工艺流程，是目前应用较为广泛的一种污水处理工艺。自 A/O 工艺被开发以来，就因其特有的经济技术优势和环境效益，越来越受到人们的广泛重视。

A/O 工艺由缺（厌）氧段、好氧段、沉淀池三部分组成，通常 A/O 工艺可根据处理水质要求分为两类：一类是缺氧/好氧生物脱氮工艺（图 2-5），另一类是厌氧/好氧生物脱磷工艺（图 2-6）。厌氧状态和缺氧状态之间存在着根本的差别：在厌氧状态下既无分子态氧，也没有化合态氧；而在缺氧状态下则既存在微量的分子态氧（溶解氧质量浓度小于 0.5 mg/L），同时还存在化合态氧，如硝酸盐。A/O 工艺在去除水中有机污染物的同时，还能有效地去除氮和磷的污染。

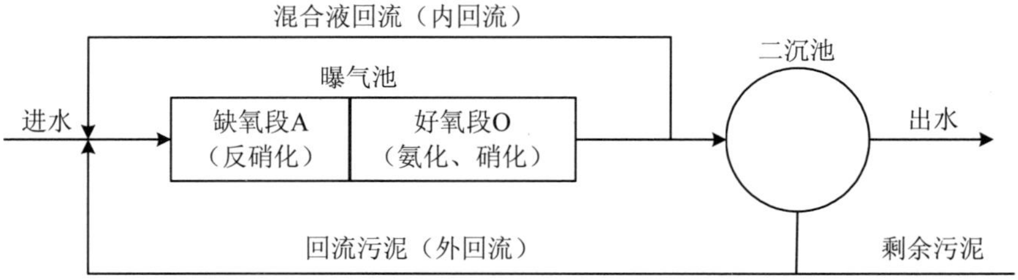

图 2-5 A/O 生物脱氮工艺流程

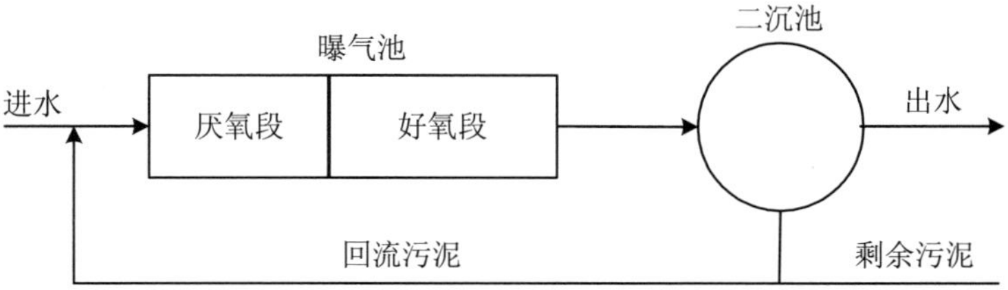

图 2-6 A/O 生物除磷工艺流程

2．技术原理

（1）A/O 脱氮

A/O 系统又称前置硝化系统或循环脱氮系统。一般采用硝化混合液回流，将 BOD 去除与反硝化脱氮在同一池中完成。A/O 生物脱氮系统具有以下特征：反硝化池在前，硝化池在后；反硝化反应以原废水中的有机物为碳源；硝化池内含有大量硝酸盐的硝化液回流到反硝化池，进行反硝化脱氮反应；在反硝化反应过程中，产生的碱度可补偿硝化反应碱度的一半左右，对含氮浓度不高的废水可不必另行投加碱；硝化池在后，能使反硝化残留的有机污染物得以进一步去除。

A/O 生物脱氮系统由于流程简单，无须外加碳源，因此，建设费用与运行费用均较低。

1）硝化过程基本原理

硝化反应是在好氧状态下，将氨氮转化为硝酸盐氮的过程。它包括两个基本反应步骤：第一阶段是由亚硝酸菌将氨氮转化为亚硝酸盐，称为亚硝化反应；第二阶段则由硝酸菌将亚硝酸盐进一步氧化为硝酸盐，称为硝化反应。

硝化反应是由一群自养型好氧微生物完成的。亚硝酸菌中有亚硝酸单胞菌属、亚硝酸螺旋杆菌属和亚硝化球菌属等。硝酸菌有硝酸杆菌属、螺旋杆菌属和球菌属等。亚硝酸菌和硝酸菌通称为硝化菌。这类菌利用无机碳化合物如 CO_2、CO_3^{2-}、HCO_3^-等作为碳源，通过与 NH_3、NH_4^+、NO_2^-的氧化反应来获得能量。

污水中含氮化合物经异养型氨化细菌作用分解成 NH_4^+，然后在好氧条件下，通过亚硝酸菌和硝酸菌的作用，将 NH_4^+氧化成 NO_2^-和 NO_3^-，这个过程称为硝化过程。反应式为：

$NH_4^+ + 1.5O_2 \longrightarrow NO_2^- + 2H^+ + H_2O$+能量

$NO_2^- + 0.5O_2 \longrightarrow NO_3^-$

硝化总反应：$NH_4^+ + 2O_2 \longrightarrow NO_3^- + 2H^+ + H_2O$+能量

反硝化反应：$6NO_3^- + 5CH_3OH$（有机物）$\longrightarrow 5CO_2\uparrow + 7H_2O + 6OH^- + 3N_2\uparrow$

2）反硝化过程基本原理

在缺氧条件下，由于兼性脱氮菌（反硝化菌）的作用，在氢供体充分的条件下，将 NO_2^-和 NO_3^-还原成 N_2 排入空气中，同时有机物分解，这一过程称为反硝化过程。其反应式为

$2NO_2^- + 6H^+$（氢供体）$\longrightarrow N_2\uparrow + 2OH^- + 2H_2O$

$2NO_3^- + 10H^+$（氢供体）$\longrightarrow N_2\uparrow + 2OH^- + 4H_2O$

由上述反应式可知：氧化还原反应实际利用了废水中 NO_2^-、NO_3^-中的氧。每还原 1 g NO_3^--N 的供氧量约为 2.6 g；反硝化过程产生一定量的重碳酸盐碱度，每 1 g NO_3^--N 产生 $CaCO_3$ 约 3.47 g。

（2）A/O 除磷

磷通常是以磷酸盐、聚磷酸盐和有机磷的形式存在于废水中。生物除磷是利用除磷菌一类的细菌，过量且超出其生理需要地从外部摄取磷，并将其以聚合态贮藏在体内，形成高磷污泥，排出系统，从而达到从废水中除磷的效果。当废水中含有钙、铁和铝等金属离子时，化学沉淀作用也有助于磷的去除。过去认为，只有不动杆菌属具有上述过量摄取及释放磷的功能。但近年来的研究发现，假单胞菌属、气单胞菌属、放线菌属、诺卡式菌属和棒杆菌属均表现了上述能力。

A/O 工艺是使污水和污泥厌氧和好氧顺次交替、循环流动的过程。原污水经格栅、沉沙等预处理后，直接进入厌氧池。在厌氧池中，由沉淀池回流的活性污泥一旦处于厌氧状态，其中的磷即以正磷酸盐的形式释放到混合液中，随后进入好氧池。处于好氧状态时，又将混合液中的正磷酸盐大量吸收到活性污泥中，使污水的含磷量达到很低；最后进入二沉池，通过固液分离，污泥从二沉池回流到厌氧区，部分富磷污泥以剩余污泥的形式从系统中排出，达到除磷和去除 BOD 的目的。

3. 适用条件

A/O 工艺具有较强的抗冲击负荷能力，几乎可以应用于任何规模的污水处理系统。主要适用于处理生活污水、畜禽废水及部分有机工业废水（如纺织、印染、焦化等）。该工艺需要相对较高的处理和运行费用，主要适合于我国经济状况相对较好的农村。

4. 工程实例——台安县台安镇污水处理厂

（1）工程背景

台安县台安镇的生活污水未经处理直接排入小柳河，大大影响了小柳河水质。为改善小柳河水质、净化台安镇水环境，台安镇于 2009 年开始建设台安镇污水处理厂，设计处理规模 3 万 t/d，出水达到《城镇污水处理厂污染物排放标准》（GB 18918—2002）一级 B 标准。根据台安镇污水水质、水量和场地要求，选择 A/O 加人工湿地处理工艺。

（2）工艺流程

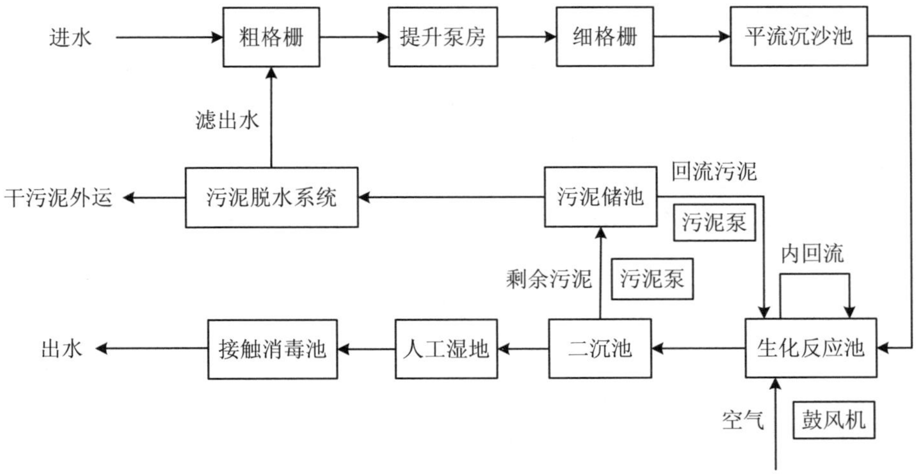

图 2-7　人工湿地污水处理工艺流程

台安镇各区域的生活污水和工业废水经市政下水管路排入污水处理厂的截流污水提升泵站，混合污水经泵站提升后通过专用输水管路输送到污水处理厂。

首先，混合污水进入粗格栅渠通过机械格栅去除污水中颗粒较大的悬浮物，再由污水提升泵提升进入细格栅、平流沉沙池，进一步去除污水中较大颗粒的悬浮污染物，然后污水自流到 A/O 池内进行二级生化处理。

污水在 A/O 池内流经两个不同的功能分区的过程中，在不同微生物菌群的作用下，污水中的有机物、氮等污染物得到去除。曝气池出水进入二沉池进行沉淀，污水在二沉池进行固液分离，二沉池的污泥回流到缺氧反应池，上清液自流到人工湿地系统进行深度处理。

人工湿地对废水的处理综合了物理、化学和生物的三种作用。湿地系统成熟后，填料表面和植物根系将由于大量微生物的生长而形成生物膜。污水流经生物膜时，大量的 SS 被填料和植物根系阻挡截留，有机污染物则通过生物膜的吸收、同化及异化作用而被除去。在湿地系统中因植物根系对氧的传递释放，其周围的环境中依次出现好氧、缺氧、厌氧状态，保证了废水中的氮磷不仅能通过植物和微生物作为营养吸收，而且还可以通过硝化、反硝化作用及填料吸附作用将其除去，最后湿地系统通过更换填料或收割栽种植物将污染物最终除去。

粗、细格栅及平流沉沙池截流下来的栅渣等固体污物，集中收集外运处置；二沉池排放的污泥，经过浓缩脱水处理，泥饼外运填埋处置。

（3）主要构筑物及参数

1）进水闸门井及格栅

进水闸门井 2 座，单池结构尺寸为 2.00 m×1.77 m×5.90 m，格栅井 2 座，单池结构尺寸为 7.38 m×1.77 m×5.90 m。其主要设备有铸铁方闸门 4 台，粗格栅 2 台。

2）集水井及泵房

提升泵房结构尺寸为 9.0 m×10.50 m（净高 4.00 m），集水井结构尺寸为 7.4 m×7.82 m×7.85 m。其主要设备有提升水泵 4 台（3 用 1 备，其中 1 台变频），平时旱季 2 台运转，1 台备用；雨季 3 台泵全部启动。

3）沉沙池

采用平流式沉沙池，沉沙池前设两条渠道，渠道上设有手动闸门（格栅或吸沙设备故障时用），闸门后设细格栅，格栅渠道接平流沉沙池。沉沙池出水设置配水井，保证出水均匀自流进入后续 A/O 反应池。

沉沙池上设行走桁车吸沙装置，通过桁车在沉沙池上行走，定时将沉沙池底部沉淀出的沙水混合液吸出提升至洗沙间内的螺旋沙水分离器进行沙水分离，分离出的沙排至翻斗车外运，上清液回流入泵房集水井。

进水井结构尺寸为 1.75 m×3.15 m×6.40 m，细格栅渠道结构尺寸为 5.90 m×3.15 m×1.6 m（分为两条），沉沙池结构尺寸为 11 m×3.1 m×2.5 m，出水井结构尺寸为 3.15 m×2.50 m×5.5 m。其主要设备有进水叠梁闸 1 套，细格栅 2 台，螺旋输送机和压榨一体机 2 套，行车式吸沙机 1 套，螺旋式沙水分离器 1 台。

4）A/O 反应池

A/O 反应池设 2 座，单池结构尺寸为 28.60 m×21.55 m×5.4 m。每座设 4 格，前端设缺氧段并增设了除磷加药点。其主要设备有内回流泵 4 台，水下搅拌器 4 台。

5）二沉池

辐流式二沉池 2 座，单池结构尺寸为 Φ29×6.8 m（包括泥斗深度），池边有效水深 4.0 m。其主要设备有周边传动吸泥机 2 台。

6）污泥回流池

反应池数量 1 座，单池结构尺寸为 9.0 m×8.0 m×5.0 m（含集泥池及清水池）。其主要设备有污泥回流泵 3 台（2 用 1 备），排泥泵 3 台（2 用 1 备）。

7）鼓风机房

鼓风机房、变电所和污泥脱水间合建，为砖混结构与变电所合建，鼓风机房结构尺寸为 12 m×9 m，净高 5.2 m。其主要设备有罗茨鼓风机 3 台（2 用 1 备，其中 1 台变频）。

8）污泥脱水机房（包括水源热泵机房）

脱水机房为混合结构，与污泥间和污泥运输车库合建。脱水机房结构尺寸24 m×9 m，含值班配电间、加药间及水源热泵机房。其主要设备有带式浓缩脱水一体机1套，一体化溶解加药装置1套，螺旋输送机2套（倾斜、水平各1套），除磷加药机1套。

9）水平潜流湿地

人工湿地是新型的污水生态处理技术，本工程采用水平潜流湿地技术。

水平潜流型湿地面积总计约4.6万 m^2，总水力负荷按0.75 m/d。水平潜流型湿地有效深度1.3 m。湿地底部夯实，湿地防渗采用HDPE防渗膜。自下而上各层填料的分布为：夯实黏土、防水土工膜，40 cm大粒径卵石，30 cm中粒径卵石，30 cm碎石，10 cm粗沙，20 cm种植土。人工湿地内分别种植芦苇、茭白、香蒲等湿地植物，植物密度9株/m^2。

10）消毒接触池

消毒采用紫外线消毒，紫外线的杀菌原理是利用紫外光的能量破坏水体中各种病毒、细菌及其他致病体的DNA，紫外线穿透微生物的细胞膜和细胞核，破坏核酸的分子键，使其失去复制能力或活性而死亡。紫外线杀菌波段介于200～300 nm，其中以253.7 nm波段能力最强。

紫外线消毒技术具有安全、高效、低成本、不产生副产物等优点。经紫外线消毒后，不存在二次污染及副产物，出水可回用于农田、林地等进行灌溉。

紫外线杀菌系统采用明渠安装，模块式结构，共设一条明渠。

接触消毒池与出水泵站合建，平面尺寸为10 m×1.5 m，有效水深1.6 m。紫外线杀菌灯安装在水渠中。

（4）处理效果

处理效果见表2-6。

表2-6　进出水水质　　单位：mg/L

监测项目	SS	COD	BOD_5	TN	氨氮	TP
进水	152	245	92	44	35	4
出水	10	30	15	18	12	1

（二）净化槽处理技术

1. 工艺特点

净化槽是一种利用微生物的作用处理污水的集成化设备，该技术最早起源于日本。设备一般由厌氧室、好氧室、消毒室及填料等组成，高度处理净化槽还具有除磷、脱氮的作用，就像一个微型的生化污水处理厂。其优点为：由于净化槽可以就近设置，无须修建很长的管道系统；安装方便，施工周期短；设备可埋入地表以下，不占用地表面积，无需建筑物；平时一般无须专人管理，只需每月或每季度的维护和保养等。该净化槽处理设施可将粪便污水与生活污水合并处理，具有投资省、占地面积小、无须设专人管理、出水水质稳定、设备故障率低和运行费用低等特点。净化槽技术是一种非常有效的分散型污水处理技术，在解决日本和韩国面源污染、保护水环境方面曾经发挥了极为重要的作用。

2．技术原理

根据其功能差异，净化槽分为三种类型：单独处理净化槽、合并处理净化槽和高度处理净化槽。其技术原理是物理处理和生化处理相结合，例如，通过微生物分解、物理沉淀和化学絮凝反应来削减污水中污染物的量。由于单独处理净化槽仅能够用来处理粪便污水，而无法对厨房和浴室中产生的废水进行处理，也难以实现脱氮除磷，因而目前已经逐渐废止，而合并处理净化槽和高度处理净化槽正在逐步得到推广和应用。其中，合并处理净化槽对粪便污水、厨房和浴室污水都可进行处理；高度处理净化槽不仅能有效削减 BOD_5，还能除磷脱氮。

净化槽的主要工艺是水解和接触氧化，并可以配合投加有效微生物菌液。沉淀分离槽对污水起预处理作用，主要沉淀无机固体物、寄生虫卵及去除污水中一些比重较大的颗粒状无机物和相当部分的悬浮有机物，以减轻后续生物处理工艺的负荷；此外还有水解和酸化的功能：复杂的大分子有机物被细菌胞外水解酶水解成小分子溶解性有机物，大大提高了污水的可生化性。预过滤槽内安装有塑料填料，填料上长有厌氧生物膜，其作用是去除可溶性有机物，该槽也是沼气的主要产生区。接触曝气槽采用接触氧化工艺，集曝气、高滤速、截留悬浮物和定期反冲洗等特点于一体，其处理污水的原理是反应器填料上所附着生物膜中微生物的氧化分解作用、填料及生物膜的吸附阻留作用和沿水流方向形成的食物链分级捕食作用，以及生物膜内部微环境和厌氧段的硝化作用。在沉淀槽溢水堰末端设置了消毒盒，内部填装有固体滤料，出水流经消毒盒与固体滤料接触以完成对污水的消毒作用。

整套净化处理设备通常可在工厂完成主体设备的加工，在使用现场可因地制宜进行施工，一般采用地埋式或钢筋混凝土结构施工。根据用户对水质的处理要求，可进行深度处理后再作为中水回用。

3．适用条件

净化槽对水质适应性强，有较高的耐冲击负荷能力，其容量可以从 5 人规模到 3 000 人规模，非常适用于农村分散型污水的处理。但由于该工艺需要相对较高的处理和运行费用，因而主要适用于我国经济状况相对较好的农村进行生活污水、分散化畜禽养殖废水处理。

4．工程实例——厌氧净化槽—生态浮床组合工艺处理崇明农村生活污水

（1）工程背景

2007 年上海市科委立项了“农村分散式污水处理适用技术的应用与示范”。该项目以开发适合处理农村生活污水的生态净化工艺为研究重点，不仅为崇明农村地区的生活污水治理提供了技术支持，而且也为我国广大农村地区的污水治理提供了技术和经验。项目选址在上海市崇明岛前卫国家级生态村，以厌氧净化槽与生态浮床组合工艺对该村的生活污水进行处理。

（2）工艺流程

收集的污水首先进入化粪池，然后进入厌氧净化槽去除大部分有机物和硝态氮，最后经生态浮床进一步处理，出水达到排放要求。该工艺投资省，能耗低，适用于处理中国广大农村地区的生活污水，见图 2-8。

图 2-8　厌氧净化槽—生态浮床组合工艺流程

（3）主要构筑物及参数

厌氧净化槽的尺寸为 5.4 m×2.0 m×2.2 m，有效容积为 7.5 m^3。厌氧净化槽采用钢筋混凝土一体化结构，结构紧凑，建造方便，充分利用农村的地理优势，无动力要求。内部分为串联的三格，并在净化槽内填放一定数量的具有较高生化稳定性的生态陶粒，粒径为 3～5 mm，便于厌氧微生物的附着生长。净化槽内各格之间设立连通管，利用液位差，污水在槽内各格填料间流动，同时设置不同的吸水深度和排水深度，使三格厌氧净化槽内保持不同的生态菌种，避免污泥互相流动，破坏原来的生态环境。

生态浮床的尺寸为 3.0 m×0.5 m×1.2 m，运行水力负荷为 0.12 m/d，停留时间约 3 d，水深控制在 1.0 m，试验装置露天放置。浮床由生态纤维、水生植物和浮力支撑构件组成。生态纤维是一种新型的水处理填料，以醛化纤纶为基础材料，模拟天然水草形态加工而成。生态纤维由弹性丝、中心件和中心绳构成，微生物附着生长在弹性丝上；中心件起到固定作用；中心绳用来串接弹性丝，有效长度为 0.5 mm。同时，为了保持生态纤维悬浮在水中，纤维顶端设置塑料浮盘，以支撑物将其连接成多个浮床。在塑料浮盘的四角留有孔隙，供水生植物生长。生态浮床依据自然生态生长规律，在水生植物间利用生态纤维填料附着微生物膜，强化植物与微生物之间的协同作用，从而使得浮床体内的微生物为污水处理系统提供足够的分解者。生态浮床植物选择崇明岛的本土植物茭白，不但净化污水的效果理想，而且植物本身还具有一定的美学价值和经济价值。

（4）处理效果

该处理装置的出水 BOD_5 均在 10 mg·L^{-1} 以下，去除率达到 95%以上；出水 COD 在 15～30 mg·L^{-1}，去除率在 90%左右。其中厌氧净化槽 BOD_5 去除率 81.4%，COD 去除率 81.5%；而以进水作为参比，生态浮床 BOD_5 去除率为 13.9%，COD 去除率为 12.6%，只占总去除率的 14%左右。

组合工艺对 TN 和 NH_3-N 保持着较高的去除率，达到 80%以上。组合工艺对磷的去除效果也较好，进水磷为 4.0 mg·L^{-1} 左右，出水在 1.0 mg·L^{-1} 以下。对磷的去除主要是依靠厌氧净化槽内陶粒的吸附作用和浮床内生态纤维的截留作用，微生物对正磷酸盐的同化作用以及植物对磷的吸收作用并不明显。

厌氧净化槽对 SS 的去除率仅仅为 30%～35%；而以进水作为参比，生态浮床对 SS 去除率为 51%～58%。

（三）氧化沟

1. 工艺特点

氧化沟工艺是 20 世纪 50 年代初期发展起来的一种污水处理工艺形式，因其构造简单、处理效果好，很快得到广泛应用。在我国，氧化沟技术的研究和工程实践始于 20 世纪 70 年代末，由于其出水水质好、运行稳定、管理方便并可同时实现脱氮除磷等技术特点，目前已经广泛地应用于生活污水和工业污水的治理，全国各地已建成了上百家不同规模、不同型式的氧化沟污水处理厂。至今，氧化沟技术的发展已历经了半个多世纪，在构造形式、曝气方式、运行方式等方面不断创新，出现了种类繁多、各具特色的氧化沟。目前应用较为广泛的氧化沟类型包括：卡鲁塞尔（Carrousel）氧化沟、Orbal 氧化沟、D 型氧化沟、三沟式氧化沟（T 型氧化沟）、DE 型氧化沟和一体化氧化沟。

（1）卡鲁塞尔型氧化沟

卡鲁塞尔型氧化沟是 20 世纪 60 年代由荷兰 DHV 公司研制成功的（图 2-9）。它是一个多沟串联的系统，进水与活性污泥混合后在沟内做不停的循环流动，卡鲁塞尔氧化沟采用垂直安装的低速表面曝气机，每组沟渠安装一个，均安装在同一端，因此形成了靠近曝气器下游的富氧区和曝气器上游以及外环的低氧区，这不仅有利于生物凝聚，还使活性污泥易于沉淀。立式低速表曝机单机功率大，设备数量少，在不使用任何辅助推进器的情况下氧化沟沟深可达到 5 m 以上，较传统的氧化沟节省占地 10%～30%，工程费用相应减少。由于采用立式低速表曝机有很强的输入动力调节能力，而且在调节过程中不损失其混合搅拌功能，节能效果明显，一般情况下，表曝机的输出功率可以在 25%～100%的范围内调节，而不影响混合搅拌功能和氧化沟渠道流速。DHV 公司新开发的双叶轮卡鲁塞尔曝气机，上部为曝气叶轮，下部为水下推进叶轮，采用同一电机和减速机驱动，其动力调节范围可达 15%～100%，调节范围较标准表曝机扩大 10%，其传氧效率在标准状态下达到至少 2.1 kg O_2/（kW·h）。

传统的卡鲁塞尔型氧化沟不具备脱氮除磷功能，若在沟内增设缺氧区，则可在单一池内实现部分反硝化作用。若在沟前增设厌氧池，则形成厌氧卡鲁塞尔氧化沟 A/O 工艺，该工艺可提高活性污泥的沉降性能，有效抑制活性污泥膨胀，同时为生物除磷提供了先进行磷的释放，后进行磷的过度吸收的环境条件，可使磷的去除率达到 75%以上，但对脱氮效果一般。因此，为实现脱氮的需要，又出现了卡鲁塞尔 2000、卡鲁塞尔 3000 等更高标准的反硝化脱氮工艺，其突出的优点是可实现硝化液的高回流比，达到较高程度的脱氮率，同时无需任何回流提升动力，见图 2-9。

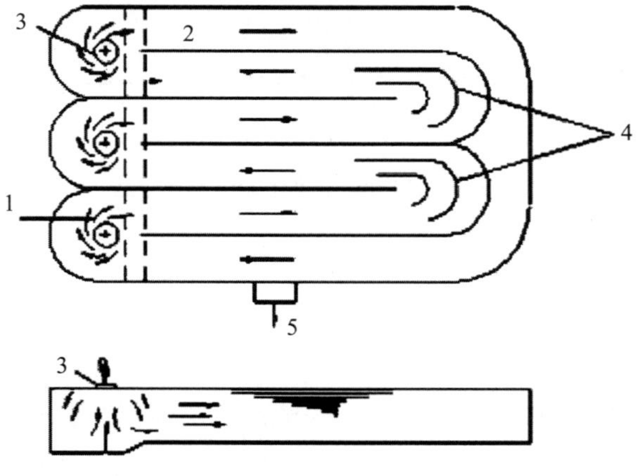

1—来自经过预处理的污水（或不经预处理）；2—氧化沟；3—表面机械曝气器；
4—导流隔墙；5—处理水去往二次沉淀池

图 2-9　卡鲁塞尔氧化沟示意图

（2）Orbal 型氧化沟

Orbal 型氧化沟为一种多渠道的氧化沟，一般由 3 条同心的沟渠组成，沟渠呈圆形或椭圆形，进水先引入最外侧的沟渠，在不断循环的同时，依次引入下一沟渠，最后从中心沟渠排出，这相当于一系列完全混合反应池串联在一起，每个沟渠表现出单个反应器的性质，兼有完全混合式与推流式的特点。Orbal 型氧化沟的外、中、内三层沟渠，分别占总容积的 60%～70%、20%～30%和 10%左右，其独特之处是三沟溶解氧呈 0 mg/L，1 mg/L，2 mg/L 的大梯度分布，既有利于提高充氧效果，又创造了极好的脱氮条件，使该工艺具有脱氮除磷功能。该工艺需要设立独立的沉淀池，且占地面积稍偏大。见图 2-10。

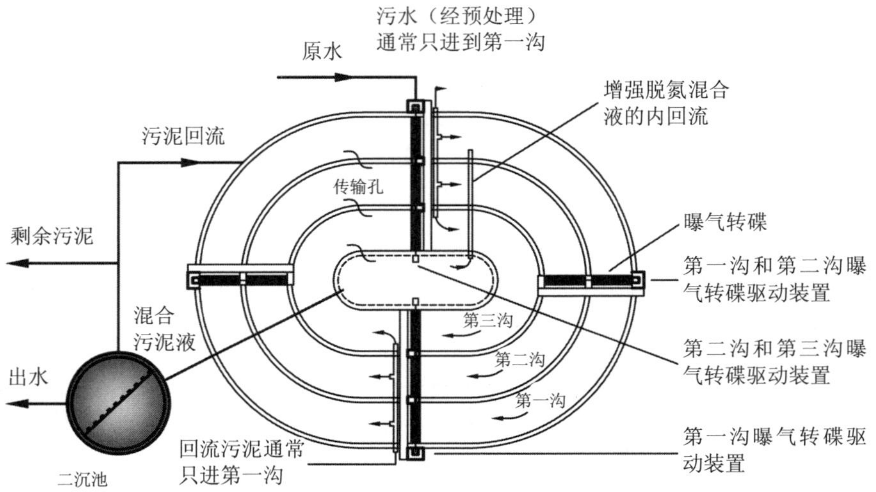

图 2-10　Orbal 型氧化沟工艺示意图

（3）交替型氧化沟

交替型氧化沟类型如下：

D 型氧化沟。双沟交替工作式氧化沟，由池容完全相同的两个氧化沟组成，两沟串联运行，交替地作为曝气池和沉淀池，不单独设二沉池，脱氮效率低。

DE 型氧化沟。为了达到脱氮目的，在 D 型氧化沟的基础上又发展了半交替工作式的 DE 型氧化沟。该沟设有独立的二沉池和回流污泥系统，两沟交替进行硝化和反硝化，以达到脱氮目的。

T 型氧化沟（三沟式氧化沟）。集缺氧、好氧和沉淀于一体，两侧氧化沟交替做曝气池和沉淀池，中间池一直为曝气池。该工艺 BOD 去除和脱氮效果显著，无须设污泥回流装置，大大节省运行费用。但其容积利用率较低，占地面积远大于其他氧化沟工艺，且存在污泥迁移现象等问题。见图 2-11。

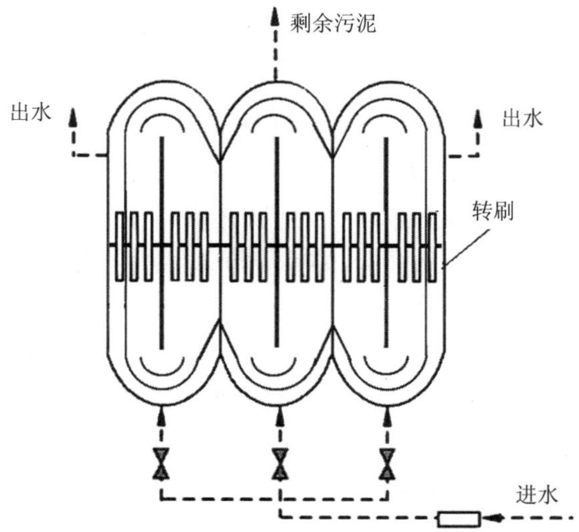

图 2-11　T 型氧化沟示意图

（4）一体化氧化沟

一体化氧化沟（Integrated Oxidation Ditch）又称合建式氧化沟，是指曝气净化与固液分离操作同在一个构筑物中完成，即将二次沉淀池建在沟内的氧化沟工艺。这种氧化沟在 20 世纪 80 年代初由美国最先开发，称为 ICC（Interchannel Clarifier）型氧化沟，目前已开发出多种形式的一体化氧化沟，并得到了迅速发展和应用。与其他氧化沟相比，一体化氧化沟的优点是省去了二沉池，占地面积较小，污泥自动回流，管理更方便，投资成本和运行费用较低。但由于固液分离器和氧化沟渠的一体化设计，出水易受进水水质、水量波动的影响，处理效果不够稳定。见图 2-12。

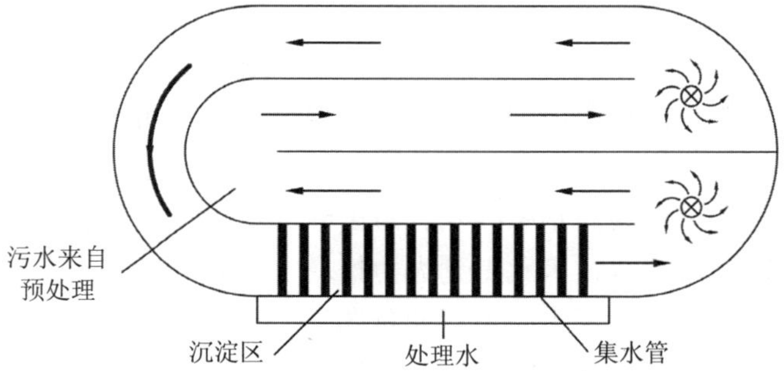

图 2-12　一体化氧化沟示意图

2．技术原理

氧化沟（Oxidation Ditch，OD）又称为连续循环曝气池（Continuous Loop Reactor）是20世纪50年代由荷兰的帕斯韦尔（Pasveer）博士首先开发的一种污水处理技术，是活性污泥法的一种变形工艺。

不同于传统的活性污泥曝气池，氧化沟曝气池呈封闭的环状沟渠型，平面上通常为椭圆形或圆形，端面性状多为矩形或梯形，是一种首尾相连的循环流曝气沟渠，总长可达几十米甚至几百米。水深则取决于所采用的曝气设备，为2～6 m。曝气设备是氧化沟的主要装置，其作用是向混合液供氧并推动水流做循环流动，以防止活性污泥沉淀及对反应混合液的混合。一般采用转刷等表面曝气设备，混合液在曝气器的推动下做水平流动，平均流速一般大于0.3 m/s，使活性污泥保持悬浮状态。流态上介于完全混合与推流之间，混合液通常在5～15 min内可完成一个循环，沟内水量通常可将进水流量稀释20～30倍，可以认为氧化沟内混合液的水质是几近一致的，但又具有推流式的特征。由于其独特的水流状态，在曝气装置下游，DO浓度逐渐下降，可在沟内形成富氧区和缺氧区，可进行硝化和反硝化过程，实现脱氮效果。其整个污水处理过程如进水、曝气、沉淀、污泥稳定和出水等全部集中在氧化沟内完成，最早的氧化沟不需另设二次沉淀池和污泥回流设备，通常采用延时曝气，连续进出水；污泥在曝气净化的同时得到稳定，不需设置初沉池和污泥消化池，处理设施大大简化。

3．适用条件

氧化沟处理技术作为活性污泥法的新工艺，因其独特的环流特征而拥有了一系列独特的优点，使其不断发展，并得到了广泛的应用。氧化沟工艺流程简单，构筑物少，曝气设备和构造形式多样化，操作灵活，运行管理方便，机械投资省，运行费用低；氧化沟具有很强的适应能力，能承受水质、水量的冲击负荷，出水水质好，处理效果稳定，并可实现脱氮除磷，同时污泥产量少，污泥性质稳定，处理方便。

氧化沟工艺一般作为独立的二级处理工艺，应用于生活污水和城市废水的处理中，对水质、水量的适应能力广泛，处理规模从几百吨每天到上百万吨每天，且一般不受地域气候影响，运行效果稳定，管理也十分方便；更为重要的是氧化沟在处理有机物的同时将污水中的氮、磷去除，使出水水质能满足今后对污水排放中氮、磷的高标准要求，因此得到大力推广。在我国，氧化沟工艺以其突出的优势，已成为中小型城市污水处理厂的首选工艺。但由于水力停留时间较长，故占地面积一般较大。氧化沟工艺也能应用于有机工业废水，其抗冲击负荷能力强，对高浓度工业废水有很大的稀释能力，目前这项技术已被广泛应用于石油废水、化工废水、造纸废水、纺织废水、印染废水、食品加工废水、制药废水等工业废水的处理之中。

4．工程实例——兖州矿业集团兴隆庄煤矿生活污水处理厂

（1）工程背景

兖州矿业集团兴隆庄煤矿生活污水处理厂设计处理规模为 1 万 t/d，服务于兴隆庄煤矿。兴隆庄煤矿生活污水属于典型的煤矿生活污水，除了居住区排放的生活污水外，工矿洗浴污水也占有一定的比例，同时还有部分地面冲洗用水和矿井水混入。煤矿生活污水水质与城市生活污水有一定差别，主要是污水中的 COD 和 BOD_5 较低，通常采用生物处理法。兴隆庄煤矿生活污水过去未经处理，直接排入白马河，最后流入南四湖，对地表水系造成一定程度的污染。为改善矿区环境质量，提高居民生活水平，促进矿区的可持续发展，兖州矿业集团决定将该矿生活污水处理后达到《污水综合排放标准》一级标准。根据兴隆庄煤矿生活污水水质、水量和场地要求，选择卡鲁塞尔氧化沟工艺。

（2）工艺流程

生活污水经格栅井中的机械或人工格栅拦截漂浮物后进入吸水井，由吸水井内的潜污泵提升到旋流曝气除沙系统，出水自流入氧化沟，氧化沟出水经配水井进入二沉池，二沉池出水排放。二沉池内的污泥靠重力进入集泥井，回流污泥泵将回流污泥提升入氧化沟，剩余污泥泵将剩余污泥提升入污泥浓缩池，浓缩后的污泥自流入污泥泵井，再由污泥提升泵提升入集泥井，集泥井内污泥再由污泥脱水机房内的螺杆泵提升入带式压滤机，压滤后的泥饼外运。整体工艺流程见图 2-13。

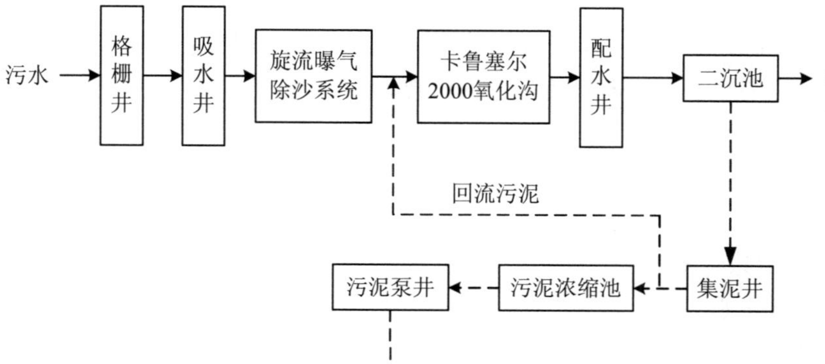

图 2-13　兴隆庄煤矿生活污水处理厂工艺流程

该工程主体工艺采用卡鲁塞尔氧化沟法，卡鲁塞尔氧化沟结构简单，利用倒伞形表曝机，可采用较大水深的池体，减少了占地面积，使该系统的能量利用得更充分。卡鲁塞尔氧化沟水力停留时间长、泥龄长和循环稀释水量大，污水进入氧化沟即被混合、稀释，能承受较大的冲击负荷，具有较强的耐冲击能力。另外该工艺污泥产量少、性质稳定，同时由于氧化沟泥龄长，一般为 20～30 d，污泥在沟内已好氧稳定，污泥产量少，运行费用较低。其流程简单，运行稳定，处理效果好，运行管理方便，且可不设初次沉淀池，节省投资。

（3）主要构筑物及参数

1）格栅井及吸水井

格栅井平面尺寸 6.0 m×3.5 m×2.2 m，吸水井平面尺寸 8.0 m×6.0 m×4.2 m。格栅井内安装机械格栅和人工格栅各一台。吸水井内安装潜污泵 3 台（2 用 1 备）。

2）沉沙池

采用 YBSB-60 型曝气沉沙装置 2 套，该套设备由沉沙池、除沙装置、沙水分离装置三大部分组成。

3）氧化沟

平面有效尺寸 53.70 m×24.75 m，有效水深 4.5 m，沟宽 5.8 m。氧化沟内设置 2 台倒伞形表面曝气机充氧，单台功率 55 kW。为确保氧化沟内流速，还设置了 2 台液下推进器，单台功率 4 kW。

4）配水井

配水井平面尺寸为 3.55 m×3.25 m×5.0 m。配水井内设置 2 套 1 000 m×500 m 调节堰门，以均匀分配氧化沟出水至二沉池。

5）二沉池

采用辐流式沉淀池，共 2 座，单池直径 20 m，池周边有效水深 3.4 m。采用中心进水周边出水，池内安装半桥周边传动刮泥机。

6）集泥井

二沉池回流污泥靠重力进入集泥井，集泥井内设置 3 台回流潜污泵（2 用 1 备），2 台剩余污泥泵（1 用 1 备）。

7）污泥浓缩池

污泥浓缩池 1 座，直径 7.0 m，池周边有效水深 3.2 m，池内设置污泥浓缩机 1 台，浓缩后的污泥自流入污泥泵井。

8）污泥泵井储泥池

污泥泵井和储泥池合建在一起，污泥泵井平面尺寸为 3.15 m×3.1 m×3.7 m，储泥池平面尺寸为 4.5 m×4.5 m×3.9 m。污泥泵井内设置提升泵 2 台（1 用 1 备），储泥池内设置污泥搅拌机 1 台。

9）污泥脱水机房

污泥脱水机房由于场地限制，只能利用原有厂房一楼东侧部分，平面尺寸 9.3 m×7.8 m。污泥脱水机房内设置 1 台 1 m 宽带式压滤机及配套加药设备、滤带冲洗泵等。

（4）处理效果

兴隆庄煤矿生活污水处理厂采用卡鲁塞尔氧化沟处理工艺，适宜兴隆庄煤矿生活污水水量和水质的特点；在去除污水中有机污染物的同时，还能有效地降低氨氮和磷的含量，避免地表水体产生富营养化，环境效益明显。运行实践表明，该处理工艺构筑物简单、运行管理方便、维修量很少、处理效果稳定可靠，其实际运行净化效果见表 2-7。工程投资 860 万元，吨水投资 860 元，水处理成本 0.36 元/t，具体费用见表 2-8。

表 2-7 实际进出水水质

监测项目	pH	SS/（mg/L）	COD/（mg/L）	BOD_5/（mg/L）	石油类/（mg/L）
进水	6.90	81.8	176	78.0	3.64
出水	7.04	18.0	52.5	17.5	1.34

表 2-8 工程投资及处理成本 单位：元

工程投资	土建	设备	安装	其他	合计
	380	300	150	30	860
运行费用	电费	人工费	维修费	折旧费	合计
	0.192	0.075	0.025	0.068	0.36

三、简易处理技术

（一）水解酸化—接触氧化技术

1．前言

生活污水多采用好氧方法处理，工艺基本成熟；而厌氧消化作为一种生活污水处理工艺的研究和应用是近 20 年的事。在废水处理中，水解酸化的主要作用是改进废水的可生化性（提高 BOD_5/COD），为废水的有效处理创造良好的条件。国内外已不乏此方面的研究报道。水解酸化的效能大致有五点：①可以提高废水的可生化性；②可以去除一部分有机污染物；③减少后续处理设备的曝气量；④降低污泥产率；⑤明显的节能。

生物接触氧化法（Biological Contact Oxidation），又称淹没式生物滤池或接触氧化法，是介于活性污泥法与生物滤池之间的、采用接触曝气方式的一种生物膜法处理工艺。接触氧化法概念，最早于19世纪末就被Waring、Ditter等人提出，1912年Closs在德国取得了接触氧化法的专利登记。早期的接触氧化法，是在活性污泥曝气池中，添加石棉板、塑料板及水泥板等作为微生物生长载体，并取得了良好的净化效果。20世纪50年代初，接触氧化技术在欧美已被广泛应用于小型污水处理厂中，其具有生物量高和净化效果较好等优点，但同时也存在着布水布气不易均匀、环境卫生条件较差、生产费用高以及填料易堵塞等问题，故有逐渐被活性污泥法取代的趋势。20世纪70年代以后，随着新型高分子材料，如聚乙烯、聚苯乙烯和聚酰胺等被广泛用于制造新型填料，接触氧化法得到了新的发展。我国对于接触氧化技术的研究和应用始于20世纪70年代末，目前主要集中于开发新型填料和曝气系统，接触氧化在我国已广泛应用于处理生活污水、城市污水、有机工业废水和污染源水。

生物接触氧化法是在生物滤池基础上发展起来的一种利用生物膜处理废水的新方法，一般采用两段式，其特点可用“三高一分和接触沉淀”来描述。三高指：氧化池内的高生物量、高生物活性和高传质速度。一分指：氧化池分为两段，氧化池1中微生物以细菌为主，氧化池2中微生物以原生动物为主。第一段以耗能低、速度快的生物合成为主，可减轻第二段的生物氧化负荷和对氧的需求。接触沉淀是指沉淀池增加接触层，这样不仅强化了悬浮物的分离效果，而且接触层生物膜还对水质起到了进一步的生物氧化作用。该工艺具有投资省、能耗低、用地少、操作易、管理便、效率高等优点。

与普通活性污泥法相比，生物接触氧化法具有负荷高、构成简便、不必对活性污泥进行日常管理以及对冲击负荷有较强的适应能力等优点。而且工艺操作简单，运行可靠，在经济上和技术上是可行的。生物接触氧化法不仅污泥产量少，而且对COD的去除有很理想的效果，运行非常稳定。同时，利用生物接触氧化法处理还便于建造成隐蔽的小型污水处理站，具有处理效率高、占地少等特点，符合小区环境美化的要求。处理后的出水，经消毒或深度处理后，可回用做景观用水、绿化用水、洗车用水、消防用水和地下用水补给等，具有广阔的应用前景。生物接触氧化法处理农村地区污水是可行的。

生物好氧法水处理工艺适用于低浓度污水处理，厌氧法适用于高浓度污水处理，水解酸化—接触氧化工艺根据二者的特点将其完美地结合起来，既能使村镇污水得到彻底的处理，又能减少污水处理过程中剩余污泥的生成量，具有广阔的应用前景。

2．工程实例——水解酸化—接触氧化—沙滤工艺处理疗养院污水

（1）工程背景

上海铁路局厦门疗养院占地面积约 5×10^4 m^2，总建筑面积大于 1 万 m^2，产生的污水主要为生活污水（来源于宿舍楼、食堂、浴池等），水量为 150 m^3/d，其水质指标见表 2-9（由厦门市环境监测中心提供）。

表 2-9　厦门疗养院原水水质

项目	COD/（mg/L）	BOD_5/（mg/L）	SS/（mg/L）	pH
原水水质	265	130	220	7.0～7.52

疗养院污水经处理后其水质须同时满足《厦门市水污染物排放标准》的一级标准要求（表 2-10）和《铁路回用水水质标准》（TB/T 3007—2000）的要求（表 2-11）。

表 2-10　厦门市水污染物排放标准

项目	COD/（mg/L）	BOD_5/（mg/L）	SS/（mg/L）	pH
排放标准	100	30	70	6～9

表 2-11　回用水水质标准

项目	COD/（mg/L）	SS/（mg/L）	总大肠菌群/（个/L）	pH	管网末端的游离余氯/（mg/L）
回用标准	50	20	18	6.5～9.0	＞0.3

（2）工艺流程

疗养院污水处理工程采用水解酸化—接触氧化—沙滤工艺，其工艺流程见图 2-14。

该工程的特点是整个污水处理构筑物设在一个集调节池、水解酸化池、接触氧化池、沉淀池、消毒池于一体的组合池内，减少了工程数量和占地面积。同时以射流曝气替代鼓风机曝气，降低了造价及噪声。组合池系钢筋混凝土结构，延长了使用寿命。

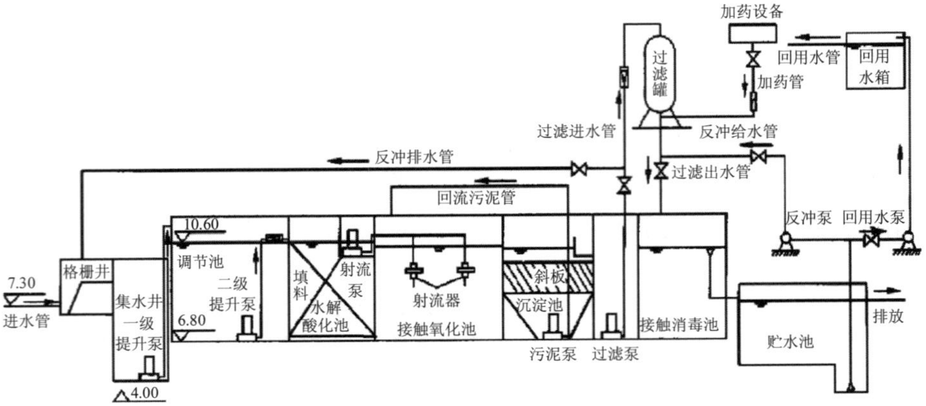

图 2-14 工艺流程图

污水先经格栅去除水中粒径较大的杂物后用泵提升进入调节池，考虑到疗养院在夏季旅游高峰期有机物质量浓度较高（COD＞400 mg/L），故在接触氧化池前设置了水解酸化池。经水解酸化—接触氧化工艺处理后的水再经石英砂过滤及二氧化氯消毒后进入回用水贮水池（有效容积为 120 m^3），回用水用多级泵提升至院内最高楼层顶部的回用水箱以用于冲洗厕所、浇灌绿地。该疗养院既有的冲厕管道是独立系统，故回用水可以在自来水断开后直接接入。

（3）主要构筑物及参数

1）格栅池

格栅池内采用一台机械细格栅，其宽度为 600 mm，高度为 3 000 mm，间隙为 5 mm，安装角度为 60°。机械格栅主要作用是去除废水中块状悬浮物，如纸片、剩饭菜等。

2）调节池

调节池为全地下式，盖板上部为设备房、操作间和值班室。污水在调节池中调节时间约 7.0 h，池底设有预曝气系统，该系统不但可以给污水预充氧，防止污水腐败变质，而且还可以起搅拌作用，防止污水中悬浮物沉积在池底，无须清理调节池。

3）水解酸化池

水解酸化是利用兼性厌氧菌将废水中难降解的、不溶性的大分子有机物转化为易降解的小分子有机物，如动植物油脂、洗涤剂中的表面活性剂等。由于兼性厌氧菌繁殖能力强、世代时间短，因而水解酸化池具有耐冲击负荷能力强的特点，可以为后续生物接触氧化处理创造有利条件。水解酸化池中挂有填料，微生物在填料上形成生物膜，增加了污水与生物作用的时间，强化了处理效果。水解酸化池底部设有穿孔管空气管路系统。

空气管路系统可以定期将池底沉积的污泥翻动，防止污泥淤积阻塞填料。根据实际经验，确定污水在水解酸化池中的停留时间约为 4.0 h。采用 2 座水解酸化池并联运行，单池有效容积为 420 m^3，填料体积为 350 m^3。

4）生物接触氧化池

生物接触氧化池内采用组合软性纤维填料，具有挂膜好、无堵塞、安装方便等特点。池底采用微孔曝气头布气，从理论上讲，每去除 1 kg BOD_5 需消耗氧 1 kg，氧化 1 kg NH_3-N 为硝酸氮需消耗氧 4.57 kg，则生物接触氧化池每天理论需氧量为 842.75 kg，取设计系数为 1.3，微孔曝气头氧的利用率为 20%，换算成空气量为 13.7 m^3/min，折算为气水比为 4∶1，设置 3 台 SSR 型鼓风机，水量大时 2 用 1 备，水量小时 1 用 1 备。工艺设计两个并联运行的生物接触氧化池，污水在池中的水力停留时间为 6 h，单池有效容积为 630 m^3，填料体积为 550 m^3。生物接触氧化池 BOD_5 进水质量浓度为 120 mg/L（水解酸化池 BOD_5，去除率为 20%），出水质量浓度为 20 mg/L（设计出水 BOD_5 值），BOD_5 进出水质量浓度差值为 100 mg/L，有机容积负荷为 0.40 kgBOD_5/（m^3·d），生物填料负荷为 0.45 kgBOD_5/（m^3·d）。生物接触氧化池污泥产率约为 0.15 kg 污泥/kgBOD_5，泥量较小，每天产生干污泥量约为 75 kg。生物接触氧化池采用推流式结构，池体总高为 5.0 m，水深为 4.5 m。曝气管路系统离水面较深，曝气时，气泡从水底向上走的过程中，由于填料的剪切作用，大气泡再次扩散为微气泡，增加了氧的作用时间和利用率。

5）反应池

反应池中投加铝盐去除废水中的磷酸盐并起化学混凝作用，同时投加助凝剂聚丙烯酰胺（PAM）起助凝作用。实际运行时，铝盐的投加量为 50～100 g/m^3 水，PAM 投加量为 1～3 g/m^3 水。在此加药量下，出水 TP 可稳定地小于 0.5 mg/L。反应时形成的絮凝体较紧密，易沉淀，从而使得出水非常清澈，感官效果很好。

6）沉淀池

沉淀池为平流式结构，表面负荷为 0.8 m^3/（m^2·h），水力停留时间为 2.5 h，池中未设置斜管，采用动力排泥。

（4）处理效果

该污水处理工程自 2000 年初投入运行以来十分稳定、处理效果良好，对 BOD_5、COD、SS 的总去除效率分别为 87%、88%、93%，其出水的平均质量浓度值分别为 16 mg/L、35 mg/L、10 mg/L。

处理出水经二氧化氯消毒后，管网末端的游离余氯质量浓度均保持在 0.3 mg/L

以上，满足了铁路回用水的水质标准要求。

（二）跌水曝气—接触氧化技术

1. 前言

跌水曝气就是水体从高处跌落，搅动水面，产生水跃，使液面与空气接触的表面不断更新，把空气中的氧转移到水体里，从而使水体充氧的过程。跌水曝气法作为一种全新的曝气系统，具有效率较高、管理方便、节能的新型曝气方式，具有以下几方面的技术经济优势：

（1）从适应的范围来看：在山地和丘陵地区，大多数的污水处理厂的建设，都需要场地的平整。而作为跌水曝气法是可以利用山地和丘陵的原始地形地貌，对污水设施进行因地制宜的布置，尽可能地减少土石方的开挖，减少基础建设投资，不仅这样，而且还可以有效地保护当地生态环境。因此在山地和丘陵城市或者污水处理厂选址有较大坡度的地方都可以使用跌水曝气方式。

（2）从设备的使用和维护方面来看：鼓风曝气需要很多配套设施，包括鼓风机房、配电设施、鼓风管道、布气管道和空气扩散装置等。设备繁多而复杂，管理和维修都很不方便。对于小城镇而言，许多的污水处理设施本身就是非常简单的，如果使用这样一套曝气设施，将大大增加运行和管理的难度，很不现实。跌水曝气可以解决这一矛盾，管理和维修都很方便，而且也不用修建专用的建筑物，这就大大节省了投资费用。

（3）从运行能耗来看：姜湘山等人采用跌水曝气—改型填料（滤料）排水系统处理屠宰厂废水，比采用常规处理方法节省工程造价 60%，运行费用降低 70%。跌水曝气在运行时的能耗基本可以忽略（除水泵提升外）。所以这就更进一步节省了污水处理的费用。

（4）从适合跌水曝气法的污水处理工艺来看：跌水曝气法和其他的曝气法一样对生物处理工艺具有很好的适应性。采用接触氧化法来配套处理，可以取得很好的去除效果。

跌水曝气接触氧化法继承了接触氧化的优点，试验证明，跌水曝气的充氧效果能满足接触氧化的需要，对 COD、BOD 的去除达到良好的效果，使得这一系统在处理小城镇污水时成为可能。

目前，水污染问题日益严重，这已经开始威胁中国国民经济的可持续发展，因此，探索和发展简易、高效低耗、能有效降低污水中污染物质的含量而且适合中国国情的中小城市污水处理工艺已成为中国水处理行业普遍关注的课题。随着污水处理设施在中小型城市的推广，中国需要寻找更多运行成本低，管理、操作简单，符合中国国情的污水处理技术。其中跌水曝气技术是一项可以探讨应用的好技术。

日本的 HideoNakasone 和 Masuo Ozaki 将跌水曝气系统运用于氧化沟之上，采用水泵将沟内的混合污水进行提升，然后让其跌落，以达到给污水充氧并净化的目的。经过长时间的试验，取得了很好的处理效果，测试数据见表 2-12。

表 2-12　跌水曝气氧化沟进出水的水质　单位：mg/L（除标出外）

项目	COD	BOD	SS	NH_4^+-N	TN	TP
进水平均水质	268.8	70.7	105.7	18.26	29.08	5.56
出水平均水质	38.9	8.6	4.9	0.92	5.15	1.5
去除率/%	85.53	87.80	95.40	95.00	82.30	73.00

从 HideoNakasone 和 Masuo Ozaki 的试验结果可以得出，跌水曝气方式是一种非常可行的曝气方式。而且从氧化沟的运行情况来看，与其他的污水处理工艺相比也具有很好的效果。他们的研究还发现，实际输入功率为 2.6W/m^3 时，可以达到 2.2 kgO_2/（W·h）的充氧动力效率，运行能耗相比其他的工艺更低。

在国内，姜湘山等人采用跌水曝气改进填料排水系统来处理屠宰废水，也取得了很好的效果（表 2-13）。

表 2-13　屠宰废水处理前后的水质比较　单位：mg/L

项目	COD	BOD	SS	NH_4^+-N	油	pH
处理前	3 480	1 450	730	230	24	6.8～8
处理后	≤100	≤30	≤150	≤15	≤10	6.8～9

东南大学环境工程系的王华成等也试验研究了新型组合工艺“跌水曝气生物接触氧化—超滤”对太湖水的处理效果。结果表明，在平均水温 7.6℃，生物接触氧化的水力停留时间（HRT）=1.6 h 时，组合工艺对浊度、氨氮、COD_{Mn}、藻类和 UV_{254} 的去除率分别为 99.1%、44.0%、35.3%、97.9%和 6.9%，处理效率优于常规工艺。

成都府南河采用人工强化跌水复氧，修建了 7 座橡胶坝，分段抬高河道水深到 80 cm。当水流溢过橡胶坝时，产生跌落，水中溶解氧含量明显提高。下面列出现场观察数据（表 2-14）。

表 2-14 成都府南河九眼桥橡胶坝实测数据

测点位置	平均溶解氧/（mg/L）	平均饱和度/%	测点位置	平均溶解氧/（mg/L）	平均饱和度/%
九眼桥橡胶坝上	0.09	0.74	橡胶坝下 75 m 处	3.95	37.20
九眼桥橡胶坝下	6.45	62.21	橡胶坝下 195 m 处	2.86	25.00
橡胶坝下 21 m 处	3.79	37.20	橡胶坝下 415 m 处	1.31	11.70

从数据可以看出：经过橡胶坝跌落后，溶解氧浓度和平均饱和度都有很大程度的提高。复氧效果是很明显的，可以大大地改善河流的生态环境。

如果能够将此技术对现有的污水处理技术改造或改进，结合我国的多山多丘陵的地理特征，这将极大地降低污水处理厂的建设、运行成本，这对我国的环境保护事业来说，非常有必要，也是很有前途和利用价值的。由此可见，跌水曝气是一种运用范围广，建造低廉，运行成本低，便于管理的曝气方式，是非常有利用价值的。

华中科技大学在实验室采用跌水曝气生物膜法进行过生活污水处理试验研究。试验结果：在水力停留时间为 3.6 h，进水 COD_{Cr}、NH_4^+-N、浑浊度分别在 103～162 mg/L、78.16～116.57 mg/L、36～66 NTU 的范围变化；系统运行稳定时，平均去除率分别为 64.79%、14.2%、84.81%，系统出水 DO 平均为 3.9 mg/L。

通过以上分析，从技术经济分析中可以得出，跌水曝气—接触氧化是一种有效的组合，适合山地和丘陵地带的小城镇污水的处理。试验表明跌水曝气—接触氧化系统是非常可行的，可以作为一种良好的处理系统进行设计使用。采用跌水曝气后，可以使污水处理厂的运行费用降低，减少运行成本，而且管理简单，维修方便。

总之，跌水曝气接触氧化法在投资及运行费用方面具有绝对的优势，值得深入研究和推广。

2．工程实例——无锡市惠山区洛社镇铁路桥村工程

（1）工程背景

铁路桥村地处无锡市惠山区洛社镇，紧邻沪宁铁路。工程按照 600 人规模，处理能力 90 t/d 设计。

该组合工艺由厌氧池、跌水充氧接触氧化池（图 2-19）和人工湿地（图 2-20）三个处理单元串联组成，具有较强的抗冲击负荷能力。核心技术——跌水充氧接触氧化技术，利用微型污水提升泵剩余扬程，一次提升污水将势能转化为动能，分级跌落，形成水幕及水滴自然充氧，无须曝气装置；在降低有机物的同时，去除氮、磷等污染物，能大幅度地降低污水生物处理能耗。有地势差的村庄可利用自然地形落差进行跌水，无须水泵提升。厌氧池可利用现有三格式化粪池、净化沼气池改建，人工湿地可利用河塘、沟渠改建。跌水充氧接触氧化池可实现自动控制。本工艺适用于居住相对集中且有闲置荒地、废弃河塘的村庄，尤其适合于有地势差、有乡村旅游产业基础或对氮磷去除要求较高的村庄，处理规模不宜超过 150 t/d。

（2）工艺流程及主要结构示意图

见图 2-15～图 2-18。

图 2-15 跌水充氧接触氧化池

图 2-16 人工湿地系统

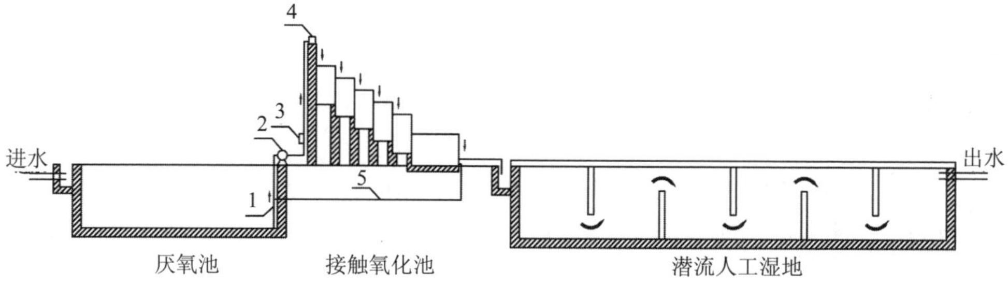

1—液位控制器；2—自吸式水泵；3—转子流量计；4—高位水箱；5—污水回流管

图 2-17 厌氧—跌水充氧接触氧化—人工湿地组合工艺主要结构

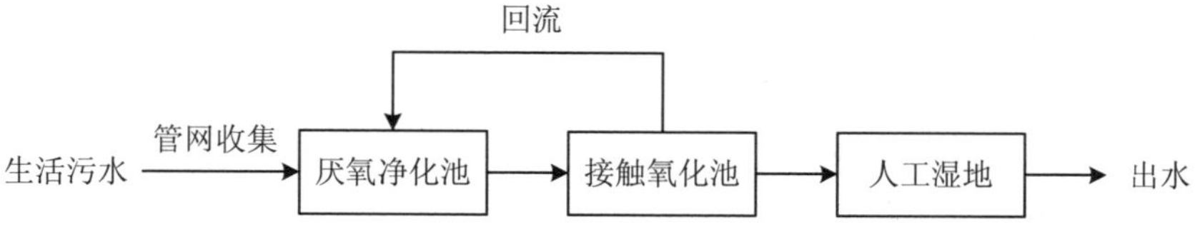

图 2-18 厌氧—跌水充氧接触氧化—人工湿地组合工艺流程

（3）主要构筑物及参数

1）厌氧池

水力停留时间 12～30 h，污泥清掏周期 360 d。

2）人工湿地水力负荷

0.24～0.30 m^3/（m^2·d）。

3）厌氧净化池

HRT=5.3 h。

4）跌水充氧接触氧化池

一般由 5 个单池串联而成，每级跌水高度为 0.5～1.2 m，总停留时间为 60 min。

5）容积负荷

2.7 kgCOD/（m^3·d）。

6）建设成本和运行费用

系统户均建设成本为 1 800～2 000 元，设备运行成本仅为水泵提升消耗的电费，为 0.1～0.2 元/t 水。装置建设费用 20 万元，其中厌氧池+跌水充氧接触氧化池建设费用 12 万元，人工湿地建设费用 8 万元，折合单位建设成本为 2 200 元/t（不包括管网建设的费用），设备运行费用约为 0.06 元/t。

7）日常维护

日常安排 1 人不定期维护；厌氧池每年清掏 1 次；高温季节，及时清理跌水板上形成的较厚生物膜，防止其堵塞跌水孔隙；秋冬季，及时清理跌水氧化池和人工湿地的树叶杂物，防止堵塞；及时清理湿地植物残体，防止二次污染。

（4）处理效果

COD、TN、TP 的平均去除率分别为 75%、76%、84%。出水 COD、TN、TP 指标可达到《城镇污水处理厂污染物排放标准》（GB 18918—2002）的一级 B 标准。

参考文献

[1] 王宝贞．废水生物处理新技术——理论与应用[M]. 2 版．北京：中国环境科学出版社，2006.

[2] 伦斯，泽曼，莱廷格．分散式污水处理和再利用——概念、系统和实施[M]. 北京：化学工业出版社，2004.

[3] Hellstrm D，Jonsson L. Evaluation of small wastewater treatment systems[J]. Water Science and

Technology，2003，48：61-68.

[4] Larsen T，Gujer W. The concept of sustainable urban water management[J]. Water Science and Technology，1997，35：3-10.

[5] Loetscher T，Keller J，Greenfield P. Appropriate sanitation in developing countries[J]. World Water，1997，20：16-20.

[6] Otterpohl R，Grottker M，Lange J. Sustainable water and waste management in urban areas[J]. Water Science and Technology，1997，35：121-133.

[7] Wilderer P A，Schreff D. Decentralized and centralized wastewater management：A challenge for technology developers[J]. Water Science and Technology，2000，41：1-8.

[8] Ince O. Performance of a two-phase anaerobic digestion system when treating dairy wastewater[J]. Water Res.，1998，9：2707-2713.

[9] 宗莲．厌氧-好氧序列间歇式反应器处理生物制药废水的研究[J]．环境科学研究，1998，（1）：49-52.

[10] 陶有胜．水解酸化-生物接触氧化工艺处理啤酒废水工程实例[J]．环境工程，1998，4：20-22.

[11] 王凯军．低浓度污水厌氧-水解处理工艺[M]．北京：中国环境科学出版社，1991．82-91.

[12] 纪轩．废水处理技术问答[M]. 北京：中国石化出版社，2003．254-265.

[13] 沈耀良，王宝贞．水解酸化工艺及其应用研究[J]．哈尔滨建筑大学学报，1999，32（6）：35-38.

[14] 杨林海．生物接触氧化法处理城市污水的发展前景[J]．太原科技，2001，1：15-17.

[15] Hideo Nakasone，Masuo Ozaki. Oxidation-Diteh Process Using Falling Water as areator[J]. Journal of Environmental Engineering，1995，121（6）：132-139.

[16] 姜湘山，王大雷．跌水曝气-改进型填料（滤料）排水系统处理屠宰废水的设计[J]. 环境工程，2002，20（6）：25-26.

[17] 高洁，刘志雄，李碧清．生物除铁除锰水厂的工艺设计与运行效果[J]. 给水排水，2003，29（11）：26-29.

[18] 单浩因，罗英明，罗麟．城市河流中几种复氧方法的经济分析比较[J]．中国环境水力学，2004：151-156.

[19] 肖唐俊，康建雄，易卫华，等．跌水曝气生物膜法处理生活污水研究[J]．市政技术，2006，6：419-421.

[20] 环境保护部污染物排放总量控制司．城镇分散型水污染物减排实用技术汇编[M]．北京：中国环境科学出版社，2009.

第三章　养殖业废弃物污染控制技术

第一节　畜禽养殖业废弃物污染控制技术

一、畜禽养殖粪污排放及污染特征

（一）畜禽养殖粪污排放量及组分

我国畜牧养殖业发展突飞猛进，特别是规模化、集约化的商品养殖发展迅速，禽养殖规模和产值每年的递增速度超过10%；资料表明：一个千头奶牛场，可日产粪尿50 t；一个千头肉牛场，日产粪尿20 t；一个千只鸡蛋场，日产粪便2 t；一个万头猪场，每年大约排纯粪尿3万t，全年可向周围排放100～161 t氮和20～33 t磷。据估算，一头猪、一头牛、一只鸡每年所产生的粪污污染（按BOD计），其人口当量分别为8～12人、25～30人、0.2～0.3人。根据《中国畜牧业年鉴2008》公布的统计资料：全国猪的出栏量总计为65 774.99万头；水牛和黄牛12 183.22万头，肉牛5 048.52万头；马790.02万头，驴和骡为1 216.43万头；肉鸡为586 165.10万只，蛋鸡为257 733.79万只；鸭和鹅总计302 422.60万只。初步估算，全国禽畜粪污年排放量已达35亿t，相当于工业废弃物年排放量的7倍。

以上海为例，一方面，近年来的菜篮子工程使上海的肉猪、家禽、蛋、鲜奶的自给率，已分别达到50%、80%、70%和90%；而另一方面，禽畜粪便的年产生量已突破1 200万t，远远超过该市当年工业废渣（663.11万t）和生活废弃物（666.44万t）的排放量。由于资金不足，环保设施不配套，大规模、集约化经营的禽畜养殖业产出的大量粪便、污水不能得到有效的处置，畜禽养殖对环境的影响越来越大，已与工业废水、生活污水并列，成为水环境污染的三大源头之一。

畜禽养殖粪污排放量和组分分别见表3-1和表3-2。

表 3-1　畜禽养殖粪污排放量　　单位：kg/d

项目	猪	牛	羊	禽	兔
粪便	2.5～12.0	15.0～60.0	1.5～5.0	0.07～0.16	0.15～0.37
尿	2.0～4.0	6.0～25.0	0.5～1.5	—	—

表 3-2　畜禽养殖粪污组分　　单位：%

成分	粪便						尿		
	猪	牛	羊	马	家禽	兔	猪	牛	马
水分	82.0	80.0	68.0	75.0	80.0	56.0	94.0	92.5	89.0
有机物	16.0	18.0	29.0	23.0	—	20.47	2.5	3.0	7.0
总氮	0.6	0.3	0.60	0.55	1.24	1.16	0.50	1.00	1.2
磷	0.5	0.2	0.30	0.30	1.10	0.24	0.05	0.10	0.05
钾	0.4	0.1	0.20	0.33	0.42	0.2	1.00	1.50	1.50

（二）畜禽养殖产生的环境污染

畜禽养殖所产生的污染物主要来源于畜禽的排泄物，主要污染物质有粪便、污水等。近年来，由于在畜禽养殖业的迅猛发展过程中忽视了畜禽养殖业的管理问题，大量的畜禽排泄物没有得到合理的处理与综合利用，对环境造成了严重的污染，并成为阻碍养殖业持续稳定发展的重要因素。

畜禽粪污造成环境污染主要通过以下几种途径：①畜禽粪便作为肥料施用后，粪便中氮、磷从耕地流失；②由于畜禽生产中不恰当的粪便贮存，氮、磷养分渗漏；③乡村地区没有进行充分的废水处理的设施，导致污染物直接排入农田、水体。

1．对大气的污染

据资料统计，奶牛、猪、鸡饲料中的70%左右的氨被排泄出来，肉鸡饲料中50%的氨变成了粪便。畜禽粪尿中含有大量的降解或未降解的有机物，其中主要为碳水化合物；排出体外后在微生物的作用下，有机物质被分解，产生一些诸如甲烷、硫化氢、氨气、甲硫醇等恶臭气体，造成空气含氧量相对下降，污浊度升高，降低空气质量。空气中的恶臭气体对人的感觉器官及整个身体的发育均有较大的影响，不仅危及周围居民的健康，而且也影响到场内畜禽的正常生长。据研究，一个存栏 3 万只的蛋鸡场，每天向空气中排放的氨气达 1.8 kg 以上。在氨气质量浓度 50 mg/m^3 的猪舍内饲喂小猪 4 周，采食量下降 15.6%，饲料利用率下降18%。另外，畜禽业甲烷气体排放量占排放总量的 28%～38%，这是导致温室效应的一个不容忽视的因素。

2. 对土壤的污染

随着畜牧业的发展，畜禽排泄物大量增加，尤其是固体类的畜禽污染物，大量未经处理的畜禽粪便任意堆积和排放，占据了大量的土地资源。畜禽粪便的污染物可能在土壤中积累，造成土壤结构破坏，并使土地的生产力明显降低甚至失去生产力，从而给土壤环境带来了严重的威胁。据测定，一只鸡日排粪约 100 g，年排粪约 36 kg；一头猪的日排泄粪尿按 6 kg 计，年产粪尿约达 25 t。例如，北京有大中型畜牧场 2 500 家，蛋鸡场 901 个，因堆粪占据土地 1 200 hm^2，造成多个堆粪场（池）附近的农田由于粪水的直接侵蚀使数千公顷的农田失去生产价值。随着饲料工业的发展，一些金属类药和添加剂被广泛应用。目前使用较多的有铜、砷、汞等制剂，这些金属经畜禽消化道后随着畜禽粪便一起排到外界环境中。这些未经处理的畜禽粪便中含有大量的金属元素，施入土壤后土壤中的重金属元素明显增加，最终造成土壤的重金属污染，对土壤生物和农作物产生毒害作用，使土壤失去使用价值。据预测，一个万头养猪场按美国环保局（EPA）允许使用的砷制剂计量推算，若连续使用含砷饲料 5～8 a 后，将可能向猪场周边排放 1 t 砷，16 a 后土壤中砷含量每升高 1 mg/kg，则甘薯块根中砷含量上升 0.28 mg/kg。不超过 10 a，该地产甘薯中砷含量会全部超过国家食品卫生标准，此耕地只能废弃或改种其他作物。另外，未经处理的畜禽粪便中含有大量的病原微生物、寄生虫及虫卵，可在土壤中生存和繁殖，扩大传染源；一些人畜共（互）患病的病原微生物可在土壤中保持致病力数年，甚至数十年之久，如炭疽杆菌芽孢可在污染土壤中保持 20～30 a 仍有致病力。

此外，畜禽粪便中含有大量的氮、磷，它们进入土壤后，在土壤理化性质及微生物的作用下会转化为硝酸盐和磷酸盐，过高的硝酸盐和磷酸盐同样会使土壤失去生产力，对农作物产生毒害作用。

3. 对水体的污染

畜禽粪便一般通过两种途径进入水体：一是在饲养过程中直接排放进入水环境，二是在堆放储存过程中因降雨和其他原因进入水体。畜禽污染物中，对水质产生影响的主要有 BOD、COD、SS、大肠杆菌、蛔虫卵、氮和磷等。畜禽养殖场的污水中含有大量的污染物质，其污水的生化指标极高，如猪粪尿中混合排出物的 COD 值达 81 000 mg/L，牛粪尿混合排出物的 COD 值达 36 000 mg/L，笼养蛋鸡场冲洗废水的 COD 为 43 000～77 000 mg/L、BOD 为 17 000～32 000 mg/L、NH_3-N 的质量浓度为 2 500～4 000 mg/L。据环保部门对大型养殖场排出粪尿的检测结果，COD 超标 50～70 倍，BOD 超标 70～80 倍，SS 超标 12～20 倍。按照目前我国规模化养殖场对水环境的管理状况和正常水冲粪的流失率计算（表 3-3），一个万头养猪场每年有 40.7 t 和 30.3 t 的 COD 和 BOD 流失到水体中，已相当于具有一定规模的工业企业的污染物排放量。一个百头奶牛场粪便年排放量为 1 100 t，如果管理不善，有 25%的畜禽粪便流失到水体中，则每年流失到水体中的 COD 为 39.6 t。

表 3-3　畜禽粪便污染物进入水体的流失率　　单位：%

项目	牛粪	猪粪	羊粪	家禽粪	牛、猪尿
COD	6.16	5.58	5.50	8.59	50
BOD	4.87	6.14	6.70	6.78	50
NH_3-N	2.22	3.04	4.10	4.15	50
TP	5.50	5.25	5.20	8.42	50
TN	5.68	3.34	5.30	8.47	50

畜禽粪便长期堆置或排放到附近的水沟、洼地，堵塞河道，污染了水体。还有一部分污染物（尤其是污水中的氮、磷）经地表径流和土壤渗滤进入地表水体、地下水层，多余的氮、磷污染地表水，且渗入地下污染地下水。过多的氮、磷使得水中的水生生物特别是藻类大量繁殖，消耗水中的溶解氧，溶解氧耗尽，植物根系腐烂，鱼虾死亡，在水底进行厌氧分解，产生 H_2S、NH_3、硫醇等恶臭物质，使水呈黑色，即水体的“富营养化”。水体富营养化是畜禽粪污污染水体的一个重要标志，直接危害水产业，并影响到沿岸的生态环境。环保部南京环科所研究表明，太湖流域畜禽粪便年产生的氮、磷量已相当于同期施用化肥量的 78.9%和 57.4%，而畜禽粪便中氮、磷的流失量又远大于化肥中的氮、磷流失量，约为化肥流失量的 122%和 132%，而且大部分进入水体，加剧了水体的富营养化程度。2001 年太湖地区上游畜禽养殖污染物年排放量：总氮为 7 857 t，总磷为 297 t，COD 为 12 984 t。太湖水质变坏的天数从 10 d/a 增至 200 d/a，NH_3-N 指标从“六五”的 0.59 mg/L 猛增至“九五”的 14.2 mg/L，超过国家标准 27 倍，水体富营养化导致的蓝绿藻事件时有发生。畜禽粪便污染物不仅污染地表水，其有毒、有害成分还易渗入地下水，严重污染地下水；畜禽粪便一旦污染了地下水，极难治理恢复，将造成持久性的污染。

4．生物污染

畜禽粪便及废水中含有大量的病原微生物、致病菌、寄生虫卵。大量实践表明，由于畜禽粪便没有得到及时处理，环境中滋生蚊蝇，病原种类增多、菌量增大，使病原菌和寄生虫蔓延，最终导致畜禽传染病和寄生虫病的蔓延与发展。粪便中的病原微生物在较长时间内可以维持其感染性。如多杀性巴氏杆菌在室温条件下的粪便中，其传染性可维持 34 d，马立克氏病毒可维持 100 d，禽流感病毒可维持 30～35 d。据对局部环境污染较为严重的规模化养猪场的调查，其传染性胃肠炎、支原体的发病率高达 50%以上。这对畜禽的生产力水平及生存的条件产生严重影响。在这样的环境中仔猪（鸡）成活率低、育肥猪增重慢、蛋鸡产蛋少、料肉（蛋）比增高，阻碍了畜牧养殖业的发展。据分析，畜牧场所在地排放的污水中每毫升平均含 33 万个大肠杆菌和 69 万个肠球菌。此外，畜禽传染病和寄生虫病的蔓延和发展，对人类的健康也构成了严重的威胁，尤其是一些人畜共患病。据资料统计，全世界约有人畜共患疾病 250 多种，如近几年英国等国家的“疯牛病”；1998—1999 年，马来西亚人群和猪群中大规模爆发流行的“白立病”；一切温血动物共有的传染病波那病（BD）等。我国共有 120 多种人畜共患疾病，其中猪传染的有 25 种，由牛粪传染的 26 种，由禽类传染的 24 种，这些人畜共患疾病的载体主要是家禽废弃物。

另外，在畜禽养殖过程中，为了防治畜禽的多发性疾病，多在饲料中添加抗菌素；抗菌素随饲料进入动物体内后，大多数的抗菌素经肾脏过滤后，随尿液排出体外；少量没排出的抗菌素就残留在动物体内。残留在动物体内的抗菌素失去抗菌作用，最终随着畜禽产品进入人的体内，对人体有毒害作用。随着药物的经常性使用，微生物的耐药性增强。为了防治疾病，药物的用量逐渐加大，药物在动物体内的转化和积累必将导致药物残留的增加，形成恶性循环，最终导致食用畜禽产品的人体受到一定程度的伤害。

（三）畜禽养殖污染治理技术现状

畜禽粪便中含有大量的污染物，有机物、氨氮、磷等污染物浓度高，单纯从污染治理的角度对其进行处理，投资及运行成本都很高，无法实现长期稳定的运行。然而，从资源化角度考虑，畜禽粪便中有机物、氨氮、磷等又是宝贵的资源，在处理畜禽粪污的过程中对这些资源进行回收，在实现污染治理的同时，又得获取一定的收益，因此采用资源化技术处理畜禽养殖粪污已经成为主流。

1. 饲料化技术

畜禽粪便含有大量的营养成分，如粗蛋白质、脂肪、氮浸出物、Ca、P、维生素 B_{12}，同时有许多潜在的有害物质，如矿物质微量元素（重金属如铜、锌、砷等）、各种药物（抗球虫药、磺胺类药物等）、抗生素和激素等以及大量的病原微生物、寄生虫及其卵；畜禽粪便中还含有氨、硫化氢、吲哚、粪臭素等有害物质。所以，畜禽粪便只有经过无害化处理后才可用做饲料。带有潜在病原菌的畜禽粪便经过高温、膨化等处理后，病原微生物和寄生虫可全部消灭。用经无害化处理的粪便饲喂畜禽是安全的：只要控制好畜禽粪便的饲喂量，就可避免中毒现象的发生；禁用畜禽治疗期的粪便作饲料，或在家畜屠宰前不用畜禽粪便作饲料，就可以消除畜禽粪便作饲料对畜产品安全性的威胁。目前将畜禽粪便饲料化有以下几种方法。

（1）用新鲜粪便直接做饲料　这种方法主要适用于鸡粪。由于鸡的消化道短，从吃进到排出大约需 4 h，吸收不完全，所食饲料中 70%左右的营养物质未被消化吸收而排出体外，因而鸡粪中含有丰富的营养物质。在排泄的鸡粪中，按干物质计算，粗蛋白含量为 20%～30%，其中氨基酸含量不低于玉米等谷物饲料；此外还含有丰富的微量元素和一些未知因子。因此，可利用鸡粪代替部分精料来养牛、喂猪。但是此种方法存在一些问题，例如添加鸡粪的最佳比例尚未确定；另外，鸡粪成分比较复杂，含有吲哚、尿素、病原微生物、寄生虫等，易造成畜禽间交叉感染或传染病的爆发，这也限制了其推广使用；但可以使用一些化学药剂，如与甲醛质量分数为 37%的福尔马林溶液进行混合，24 h 后就可以去除吲哚、尿素、病原微生物等病菌，然后再饲喂牛、猪。还可以先接种米曲霉与白地霉，然后进行杀菌，这种方法最简单适用。

（2）青贮　粪便中碳水化合物的含量低，不宜单独青贮，常和一些禾本科青饲料一起青贮，调整好青饲料与粪的比例并掌握好适宜含水量，就可保证青贮质量。青贮法不仅可防止粪便中粗蛋白损失过多，而且可将部分非蛋白氮转化为蛋白质，杀灭几乎所有有害微生物。用青贮法处理畜禽粪便时，应注意添加富含可溶性碳水化合物的原料，将青贮物料水分控制在 40%～70%，保持青贮容器为厌氧环境。例如，用 60%的新鲜鸡粪、25%的青草（切短的青玉米秸）和 15%的麸皮混合青贮，经过 35 d 发酵，即可用做饲料。

（3）干燥法　干燥法是处理鸡粪常用的方法。干燥法处理粪便的效率最高，而且设备简单，投资小，粪便经干燥后可制成高蛋白饲料。这种方法既除臭又能彻底杀灭虫卵，达到卫生防疫和生产商品饲料的要求。但是由于目前夏季鸡粪大批量处理时仍有臭气产生，处理臭气的成本较高，使该方法的推广使用受到限制。有研究表明在处理中加光合细菌、细菌链霉菌、乳酪菌等具有很好的除臭效果。

（4）分解法　分解法是利用优良品种的蝇、蚯蚓和蜗牛等低等动物分解畜禽粪便，达到既提供动物蛋白质又能处理畜禽粪便的目的。这种方法比较经济，生态效益显著。蝇蛆和蚯蚓均是很好的动物性蛋白质饲料，品质也较高，鲜蚯蚓含 10%～40%的蛋白质，可做鸡、鸭、猪的饲料或水产养殖的活饵料，蚓粪可做肥料。但由于前期畜禽粪便灭菌、脱水处理和后期蝇蛆分离技术难度较大，加之所需温度较苛刻，而难以全年生产，故尚未得到大范围的推广。如果采用笼养技术，用太阳能热水器调节温度，在饲养场地的周围喷洒除臭微生态制剂，采收时利用蝇蛆的生活特性、用强光照射使蝇蛆分离，则这一系列问题就都解决了。

2．肥料化技术

畜禽粪便中含有大量的有机物及丰富的氮、磷、钾等营养物质，是农业可持续发展的宝贵资源。数千年来，农民一直将它作为提高土壤肥力的主要来源。过去采用填土、垫圈的方法或堆肥方式将畜禽粪便制成农家肥。如今，伴随着集约化养殖场的发展，人们开展了对畜禽粪便肥料化技术的研究。当前研究最多的是堆肥法。堆肥是处理各种有机废弃物的有效方法之一，是一种集处理和资源循环再生利用于一体的生物方法。是把收集到的粪便掺入高效发酵微生物如 EM（有效微生物群），调节粪便中的碳氮比，控制适当的水分、温度、酸碱度进行发酵。这种方法处理粪便的优点在于最终产物臭气少，且较干燥，容易包装、撒施，而且有利于作物的生长发育。堆肥存在的问题是处理过程中有 NH_3 的损失，不能完全控制臭气，而且堆肥需要的场地大，处理所需要的时间长。有人提出采用发酵仓加上微生物制剂的方法，可以减少 NH_3 的损失并能缩短堆肥时间。

在一些畜禽有机肥生产厂，常采用的方法有厌氧发酵方法、快速烘干法、微波法、充氧动态发酵法。目前北京市峪口鸡场已建成鸡粪加工厂，每年可生产干鸡粪 1 万 t。浙江宁波利用畜禽粪便经过与辅料混合、发酵、干燥、造粒等工艺处理，制成无味、高效的有机肥料，真正实现了粪便资源化，甚至商品化。随着人们对无公害农产品需求的不断增加和可持续发展的要求，对优质商品有机肥料的需求量也在不断扩大，用畜禽粪便制成有机肥具有很大市场潜力。

3．能源化技术

采用以厌氧发酵为核心的能源环保工程，是畜禽粪便能源化利用的主要途径。目前对于集约化养殖场，大多是水冲式清除畜禽粪便，粪便含水量高。对这种高浓度的有机废水，采用厌氧消化法具有低成本、低能耗、占地少、负荷高等优点，是一种有效处理粪便和资源回收利用的技术。它不但提供清洁能源（沼气），解决中国广大农村燃料短缺和大量焚烧秸秆的矛盾，还能消除臭气、杀死致病菌和致病虫卵，解决了大型畜牧养殖场的畜禽粪便污染问题。另外，利用沼液还可以生产优质肥料以及做农作物生长所需的营养添加剂。目前，这种工艺已经基本成熟。

二、畜禽养殖粪污治理典型技术

（一）厌氧发酵技术

1．厌氧发酵原理

厌氧发酵是一种畜禽粪污能源化技术，其基本原理是：在厌氧条件下，畜禽粪污中的有机物经大量微生物的共同作用，最终转化为甲烷、二氧化碳、水、硫化氢和氨等。在此过程中，不同微生物的代谢过程相互影响、相互制约，形成了复杂的厌氧降解生态系统。厌氧发酵过程可以分为四个阶段：水解阶段、发酵（或酸化）阶段、产乙酸阶段和产甲烷阶段。

（1）水解阶段

水解可定义为复杂的非溶解性的聚合物被转化为简单的溶解性单体或二聚体的过程。

高分子有机物因相对分子量巨大，不能透过细胞膜，因此不可能为细菌直接利用。它们在第一阶段被细菌胞外酶分解为小分子。例如，纤维素被纤维素酶水解为纤维二糖与葡萄糖，淀粉被淀粉酶分解为麦芽糖和葡萄糖，蛋白质被蛋白质酶水解为短肽与氨基酸等。这些小分子的水解产物能够溶解于水并透过细胞膜为细菌所利用。水解过程通常较缓慢，因此被认为是含高分子有机物或悬浮物废液厌氧降解的限速阶段。多种因素如温度、有机物的组成、水解产物的浓度等可能影响水解的速度与水解的程度。水解速度可由以下动力学方程加以描述：

$$\rho=\rho_o/(1+K_h \cdot T)$$

式中：ρ——可降解的非溶解性底物质量浓度，g/L；

ρ_o——非溶解性底物的初始质量浓度，g/L；

K_h——水解常数，d^{-1}；

T——停留时间，d。

（2）酸化阶段

发酵可定义为有机物化合物既作为电子受体也是电子供体的生物降解过程，在此过程中溶解性有机物被转化为以挥发性脂肪酸为主的末端产物，因此这一过程也称为酸化。在这一阶段，上述小分子的化合物发酵细菌（酸化菌）在细胞内转化为更为简单的化合物并分泌到细胞外。发酵细菌绝大多数是严格厌氧菌，但通常有约 1%的兼性厌氧菌存在于厌氧环境中，这些兼性厌氧菌能够保护像甲烷菌这样的严格厌氧菌免受氧的损害与抑制。这一阶段的主要产物有挥发性脂肪酸、醇类、乳酸、二氧化碳、氢气、氨和硫化氢等，产物的组成取决于厌氧降解的条件、底物种类和参与酸化的微生物种群。与此同时，酸化菌也利用部分物质合成新的细胞物质，因此，未酸化废水厌氧处理时会产生更多的剩余污泥。

在厌氧降解过程中，酸化细菌对酸的耐受力必须加以考虑。酸化过程 pH 值下降到 4 时可以进行。但是产甲烷过程 pH 值的范围在 6.5～7.5，因此 pH 值的下降将会减少甲烷的生成和氢的消耗，并进一步引起酸化末端产物组成的改变。

（3）产乙酸阶段

在产氢产乙酸菌的作用下，上一阶段的产物被进一步转化为乙酸、氢气、碳酸以及新的细胞物质。

其某些反应式如下：

$$CH_3CHOHCOO^-+2H_2O \longrightarrow CH_3COO^-+HCO_3^-+H^++2H_2 \quad \Delta G=-4.2\ kJ/mol$$

$$CH_3CH_2OH+H_2O \longrightarrow CH_3COO^-+H^++2H_2 \quad \Delta G=9.6\ kJ/mol$$

$$CH_3CH_2CH_2COO^-+2H_2O \longrightarrow 2CH_3COO^-+H^++2H_2 \quad \Delta G=48.1\ kJ/mol$$

$$CH_3CH_2COO^-+3H_2O \longrightarrow CH_3COO^-+HCO_3^-+H^++3H_2 \quad \Delta G=76.1\ kJ/mol$$

$$4CH_3OH+2CO_2 \longrightarrow 3CH_3COO^-+2H_2O \quad \Delta G=-2.9\ kJ/mol$$

$$2HCO_3^-+4H_2+H^+ \longrightarrow CH_3COO^-+4H_2O \quad \Delta G=-70.3\ kJ/mol$$

（4）产甲烷阶段

这一阶段，乙酸、氢气、碳酸、甲酸和甲醇被转化为甲烷、二氧化碳和新的细胞物质。

甲烷细菌将乙酸、乙酸盐、二氧化碳和氢气等转化为甲烷的过程由两种生理上不同的产甲烷菌完成，一组把氢和二氧化碳转化成甲烷，另一组从乙酸或乙酸盐脱羧产生甲烷；前者约占总量的 1/3，后者约占 2/3。主要的产甲烷过程反应有：

$$CH_3COO^-+H_2O \longrightarrow CH_4+HCO_3^- \quad \Delta G=-31.0\ kJ/mol$$

$$HCO_3^-+H^++4H_2 \longrightarrow CH_4+3H_2O \quad \Delta G=-135.6\ kJ/mol$$

$$4CH_3OH \longrightarrow 3CH_4+CO_2+2H_2O \quad \Delta G=-312\ kJ/mol$$

$$4HCOO^-+2H^+ \longrightarrow CH_4+CO_2+2HCO_3^- \quad \Delta G=-32.9\ kJ/mol$$

需要指出的是：一些书把厌氧消化过程分为三个阶段，把第一、第二阶段合成为一个阶段，称为水解酸化阶段。在这里我们则认为分为四个阶段能更清楚地反映厌氧消化过程。

上述四个阶段的反应速度依废水的性质而异，在以含纤维素、半纤维素、果胶和脂类等污染物为主的废水中，水解易成为速度限制步骤；简单的糖类、淀粉、氨基酸和一般蛋白质均能被微生物迅速分解，对含这类有机物的废水，产甲烷易成为限速阶段。虽然厌氧消化过程可分为以上四个过程，但是在厌氧反应器中，四个阶段是同时进行的，并保持某种程度的动态平衡。该平衡一旦被 pH 值、温度、有机负荷等外加因素所破坏，则首先将使产甲烷阶段受到抑制，其结果会导致低级脂肪酸的积存和厌氧进程的异常变化，甚至导致整个消化过程停滞。

2. 消化工艺基本条件

（1）适宜的发酵温度

沼气池的温度条件分为：①常温发酵（也称为低温发酵）10～30℃，在这个温度条件下，产气率可为 0.15～0.3 m^3/（m^3·d）。②中温发酵 30～45℃，在这个温度条件下，池容产气率可达 1 m^3/（m^3·d）左右。③高温发酵 45～60℃，在这个温度条件下，池容产气率可达 2～2.5 m^3/（m^3·d）。沼气发酵最经济的温度条件是 35℃，即中温发酵。目前我国大中型沼气工程以中温发酵为主。

（2）适宜的发酵液质量分数

发酵液的质量分数范围是 2%～30%，愈高产气愈多。发酵液质量分数在 20% 以上称为干发酵。农村户用沼气池的发酵液质量分数可根据原料多少和用气需要以及季节变化来调整，夏季补料质量分数在 5%～6%；冬季补料质量分数在 10%～12%。对于大中型沼气工程，进料质量分数与反应器类型、搅拌方式、原料类型等有关，一般进料质量分数为 3%～12%。

（3）适宜的碳、氮比例（C∶N）

沼气发酵微生物对碳素需要量最多，其次是氮素，我们把微生物对碳素和氮素的需要量的比值，叫做碳氮比，用 C∶N 来表示。目前一般采用 C∶N=25∶1。但并不十分严格，20∶1、25∶1、30∶1 都可正常发酵。

（4）适宜的酸碱度（pH 值）

沼气发酵适宜的酸碱度为 pH=6.5～7.5。pH 值影响酶的活性，进而影响发酵速率。

（5）足够量的菌种

沼气发酵中菌种数量多少和质量好坏直接影响沼气的产量和质量。一般要求达到发酵料液总量的 10%～30%，以保证正常启动和旺盛产气。

（6）较低的氧化还原电位（厌氧环境）

沼气甲烷菌在氧化还原电位不低于−330 mV 的条件下才能生长。这个条件即严格的厌氧环境。

3. 畜禽粪便厌氧发酵典型工艺

一个完整的大中型沼气发酵工程，无论其规模大小，都包括：原料（粪污）收集、原料预处理、消化（厌氧发酵）、沼气净化与利用、沼液存储与利用五个主要处理单元。图 3-1 为目前最常见的大中型沼气生产工艺。

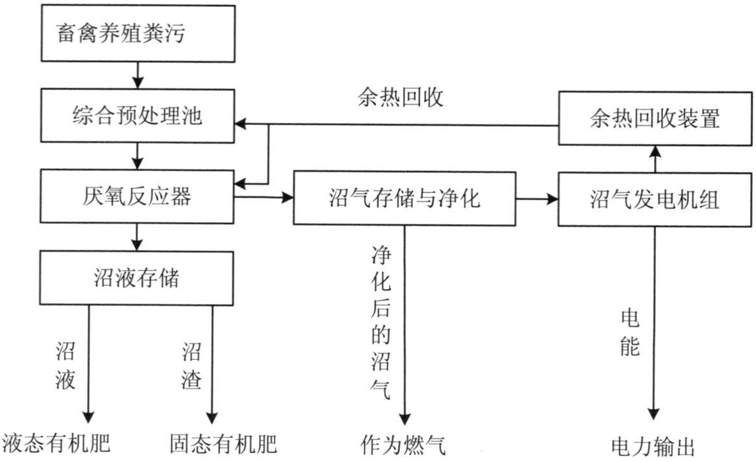

图 3-1 厌氧发酵制沼气流程

4. 原料收集

充足稳定的原料供应是厌氧消化工艺的基础。原料的收集方式又直接影响原料的质量，如一个猪场采用自动化冲洗，其污水 TS 质量分数一般只有 1.5%～3.5%，若采用刮粪板刮出，则原料质量分数可达 5%～6%，如手工清运质量分数可达 20%左右。因此，在养殖场或工厂设计时应当根据当地条件合理安排畜禽粪污的收集方式和集中地点，以便就近进行沼气发酵处理。

5. 原料预处理

原料常混杂有生产作业中的各种杂物，为便于用泵输送及防止发酵过程中出现故障，或为了减少原料中的悬浮固体含量，或为在进入消化器前进行升温或降温等，要对原料进行预处理。

在预处理时，牛和猪粪中的长草、鸡粪中的鸡毛都应去除，否则极易引起管道堵塞。采用搅龙除草机去除牛粪中的长草，可以收到较好的效果；再配用切割泵进一步切短残留的较长纤维和杂草，可有效地防止管路堵塞。鸡粪中含有较多贝壳粉和沙砾等，必须进行沉淀清除，否则会很快大量沉积于消化器底部，不仅难以排除，而且会影响沼气池容积。

6. 常用厌氧消化器

对畜禽养殖粪污治理大中型沼气工程，目前最常用的厌氧反应器类型有：塞流式反应器、升流式固体反应器、全混式反应器、升流式厌氧污泥床反应器，以及内循环厌氧反应器，各种反应器各具特点，在工程设计中应针对不同类型的发酵原料合理地选择反应器类型。

（1）塞流式反应器（Plug Flow Reactor，PFR）

也称推流式反应器或活塞流反应器，是一种径高比很小（1/50）的非完全混合的消化器，高浓度悬浮固体原料从一端进入，从另一端流出，原料在消化器内的流动呈活塞式推移状态。实际应用中，为减少反应器占地及工程施工方便，常采用消化器内设置挡板的方式。优点是：①不需搅拌，结构简单，能耗低；②除适用于高 SS 的废物处理外，还适用于牛粪的消化；③运转方便，故障少，稳定性高。缺点是：①固体物质可能沉于底部，影响消化器的有效体积，使 HRT 和 SRT 降低；②需要固体和微生物回流作为接种物；③由于径高比（体积/面积）较小，难以保持温度恒定；④易产生结壳。

（2）升流式固体反应器（Upflow Solids Reactor，USR）

升流式固体反应器是一种结构简单、适用于高悬浮固体原料的反应器。原料从底部进入消化器内，与消化器里的活性污泥接触，使原料得到快速消化。未消化的生物质固体颗粒和沼气发酵微生物靠自然沉降滞留于消化器内，上清液从消化器上部溢出，这样可以得到比水力滞留期高得多的固体滞留期（SRT）和微生物滞留期（MRT），从而提高了固体有机物的分解率和消化器的效率。

USR 工艺先对畜禽粪便进行预处理，除去大颗粒和粗纤维物质（进料 TS 质量分数 3%～5%）后，进入 USR 厌氧反应器；采用上流式污泥床原理，不使用机械搅拌。首都师范大学实验人员将 USR 反应器用于鸡粪废水的中温厌氧消化，负荷达 10.5 kgCOD/（m^3·d），产气率高达 4.9 m^3/（m^3·d）。因此，该反应器非常适用于鸡粪、猪粪的消化处理。

（3）全混式反应器（Continuous Stirred Tank Reactor，CSTR）

在常规厌氧反应器内安装了搅拌装置，使发酵原料和微生物处于完全混合状态，因此活性区遍布整个消化器，其效率比常规消化器明显提高，故又名高速消化器。运行方式上常采用恒温连续投料或半连续投料，适用于高浓度及含有大量悬浮固体原料的处理。HRT=SRT=MRT=10～20 d，中温发酵负荷 3～4 kgCOD/（m^3·d），高温发酵 5～6 kgCOD/（m^3·d）。优点是：①可进入高悬浮固体原料；②消化器内物料混合均匀，增加了底物和微生物的接触机会；③消化器内温度分布均匀；④进入消化器的物料能够迅速分散，可以保持较低的浓度水平；⑤避免了浮渣、结壳、堵塞、气体逸出不畅和短流现象。缺点是：①消化器体积较大；②要有足够的搅拌，因此能耗较高；③生产用大型消化器难以做到完全混合；④底物流出该系统时未完全消化，微生物随出料而流失。

（4）升流式厌氧污泥床反应器（UASB）

目前国内广泛应用于酒醪滤液、啤酒废水、豆制品加工废水等。特点是：自下而上流动的污水通过膨胀的颗粒状污泥床被消化分解，消化器分为三个区，即污泥床、污泥层和三相分离器。优点是：①除三相分离器外，消化器结构简单，无搅拌装置及填料；②有机负荷大大提高；③颗粒污泥的形成使厌氧微生物天然固定化，增加了工艺的稳定性；④出水 SS 含量低。缺点是：①需要安装三相分离器；②需要安装布水装置；③要求进水 SS 含量低；④在水力负荷较高或 SS 负荷较高时易流失活性污泥和微生物，运行技术要求较高。

（5）内循环厌氧反应器（Internal Circulation，简称 IC 反应器）

如同把各 UASB 叠加在一起，高度可达 16～25 m，高径比可达 4～8。优点是：容积负荷率高、占地面积小、不需外加动力、抗冲击负荷、启动时间短、缓冲 pH 值能力强、出水稳定性好。缺点是：不适用于悬浮物较多的物料处理。

7．沼渣沼液的处置

畜禽粪污厌氧发酵之后的沼渣沼液需得到妥善处置，否则将会造成二次污染。目前，沼渣沼液的处理有三种模式：①农用：沼气工程周边配套有较大面积的农业作物、鱼塘等，能够就地消纳沼气发酵的残留物（沼液）。该方式的优势是投资和运行成本均较低，是一种最为经济的工程模式，目前世界上养殖场沼气发电最发达的德国基本采用此方式（通过严格控制畜牧业与种植业的协调发展来保障）。②自然处理：对沼液采用部分还田或分季节还田，多余的沼液进行低能耗或无动力的自然处理（氧化沟、氧化塘、人工湿地等），达到控制污染物总量减排的目的。该方式成本也较低，但对周围环境可能造成影响，需要结合项目实际情况来考虑是否适用。③处理达标：将沼液进行固液分离，分离出来的沼渣制成商品固体有机肥料，分离后的清液经过好氧或物化等深度处理达到排放标准后直接排放。该方式的工程投资和运行费用都较高。

8．沼气储存及净化系统

沼气是一种混合气体，它的主要成分是甲烷，其次还含有二氧化碳、硫化氢、饱和水蒸气、高碳烃等（从乙烷 C_2H_6 到庚烷 C_7H_{16}）；有时还含有一氧化碳、氮气、氦气、氢气、硅氧烷、卤代烃及固体颗粒物等杂质。由于沼气含有以上杂质且沼气的流量、压力、温度、浓度等都很不稳定，直接用于沼气锅炉燃气或进入发电机组燃烧势必造成设备腐蚀、研磨等问题，从而严重缩短设备的寿命，并可能造成安全隐患，所以在利用之前，必须建设沼气存储与净化系统以解决上述问题。

沼气存储可以采用单独的气柜，也可直接建在厌氧发酵罐顶部。气柜容积与产气情况及用气情况有关。目前养殖场沼气工程设计存储气量大多按 12 h 的产气量设计，即昼夜产气量的 50%；若采用沼气集中供气，为保证用气量稳定，气柜容积应放大 50%；沼气用于发电时气柜容积可适当减小。

沼气净化主要包括脱水和脱硫。脱水一般采用气水分离器脱水。脱硫有化学法和生物法，其中化学法又分为湿式法和干式法两种。

9．沼气利用

随着我国沼气技术的普及与推广，沼气利用途径不断拓展。目前沼气利用途径主要有：①用做炊用燃气，该方式适用于小沼气以及周边具有一定数量居民的大中型沼气工程。②沼气供热，利用沼气锅炉将沼气燃烧产生的热量用于采暖、工艺用热等。③沼气发电，利用沼气发电机组将沼气转化成电能，电能可以用于工程内部供电、附近居民供电等，发电的同时可以回收发电机组的余热，用于沼气工程保温增温。沼气发电已经成为大型沼气工程沼气利用的主流技术，但发电上网程序复杂，在一定程度上制约了其推广。④并入天然气管网，随着沼气深度净化技术的提高，沼气深度脱碳已经成为可能，沼气脱碳后并入天然气管网在国内已经有了少量的应用。

（二）好氧堆肥技术

1．好氧堆肥原理

好氧堆肥是在有氧条件下，好氧微生物通过自身的分解代谢和合成代谢过程，将一部分有机物分解氧化成简单的无机物，从中获得微生物新陈代谢所需要的能量，同时将一部分的有机物转化合成新的细胞物质的过程，如图 3-2 所示。堆肥的结果是废弃物中有机物向稳定化程度较高的腐殖质方向转化。

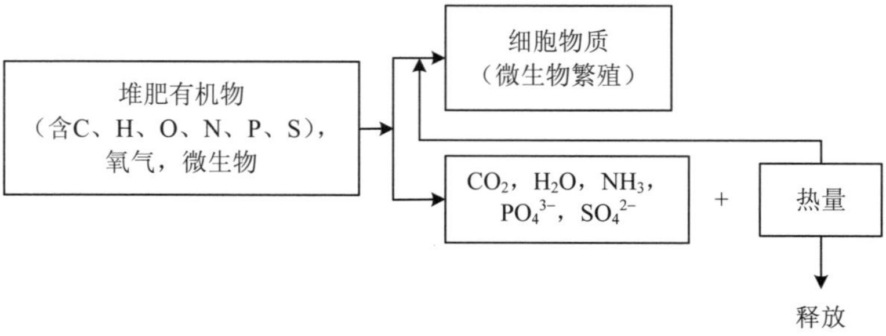

图 3-2　好氧堆肥原理图

好氧堆肥的微生物学过程可大致分为如下三个阶段，每个阶段都有其独特的微生物类群。

（1）产热阶段　堆肥初期（通常在 1～3 d），料堆中嗜温性微生物利用可溶性和易降解性有机物作为营养和能量来源，迅速增殖，并释放出热能，使料堆温度不断上升。此阶段温度在室温至 45℃范围内，微生物以中温、需氧型为主，通常是一些无芽孢细菌。微生物类型较多，主要是细菌、真菌和放线菌。其中细菌主要利用水溶性单糖等，真菌和放线菌对于分解纤维素和半纤维素物质具有特殊的功能。

（2）高温阶段　当料堆温度上升到 45℃以上时，即进入高温阶段。通常从堆积发酵开始，只须 3 d 时间料堆温度便能迅速地升高到 55℃，1 周内堆温可达到最高值（最高温度可达 80℃）。此时，嗜温性微生物受到抑制，嗜热性微生物逐渐取而代之。除前一阶段残留的和新形成的可溶性有机物继续分解转化外，半纤维素、纤维素、蛋白质等复杂有机物也开始强烈分解。在 50℃左右进行活动的主要是嗜热性真菌和放线菌；温度上升到 60℃时，嗜热性真菌几乎完全停止活动，仅有嗜热性放线菌和细菌活动；温度上升到 70℃以上时，大多数嗜热性微生物已不适宜，微生物大量死亡或进入休眠状态。高温对于堆肥的快速腐熟起到重要作用，在此阶段堆肥内开始了腐殖质的形成过程，并开始出现能溶解于弱碱的黑色物质。高温能有效杀灭有机废弃物中的病原物，根据《粪便无害化卫生标准》（GB 7959—87）有关高温堆肥的卫生标准，堆肥最高温度应达 50～55℃，持续 5～7 d。

（3）腐熟阶段　在高温阶段末期，只剩下部分较难分解的有机物和新形成的腐殖质，此时微生物活性下降，发热量减少，温度下降。此时嗜温性微生物再占优势，对残留较难分解的有机物做进一步分解，腐殖质不断增多且趋于稳定化，此时堆肥进入腐熟阶段。降温后，需氧量大量减少，料堆孔隙增大，氧扩散能力增强，此时只需自然通风。在强制通风堆肥中常见的后熟处理，即是将通气堆翻堆一次后，停止通气，让其腐熟。

2. 好氧堆肥工艺

目前常用的堆肥技术有很多种，分类也很复杂。按照有无发酵装置可分为：开放式堆肥系统和发酵仓堆肥系统。其中开放式堆肥系统按照充氧方式又可分为条垛式堆肥和强制通风静态垛堆肥。

（1）条垛式堆肥

条垛式堆肥是将原料简单堆积成窄长条垛，在好氧条件下进行分解；条垛式系统定期使用机械或人工进行翻堆的方法通风（图 3-3）。

条垛式堆肥系统尽管是一个低水平的系统，但有很多优点：所需设备简单，投资成本较低；翻堆会加快水分的散失，堆肥容易干燥；干燥的堆肥易于把填充剂筛分；干的填充剂可以较快地进行回用；由于堆肥时间相对较长，条垛式堆肥产品腐熟度高、稳定性好。缺点是：条垛系统占地面积大，而且腐熟周期长；需要大量的翻堆机械和人力；相对于其他的堆肥系统，条垛式堆肥需要更多的监测以确保足够的通气量和温度；翻堆会造成臭味的散失，这会对公众的生活造成影响；条垛式堆肥系统受天气的影响严重，例如，雨季会破坏堆体结构，冬季会造成堆体热量大量损失，使温度降低；为提高堆垛孔隙率、保持良好的通风，条垛式堆肥需要添加一定比例的辅料（以秸秆、稻壳等农业废弃物为主）。作为一种古老的堆肥系统，条垛式系统一直被普遍采用。

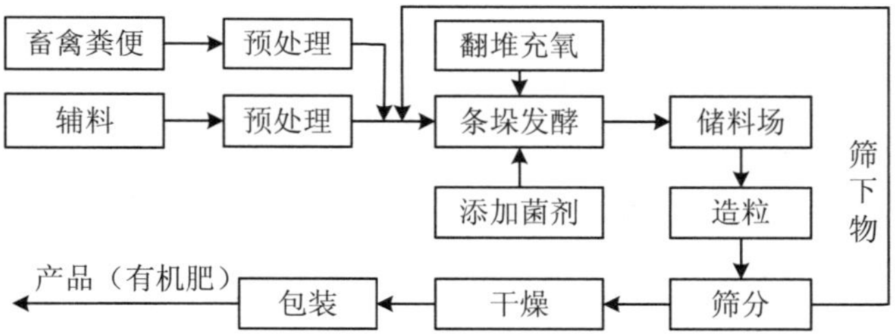

图 3-3　条垛式堆肥工艺

（2）强制通风静态垛堆肥

强制通风静态垛堆肥系统是通过风机和埋在地下的通风管道进行强制通风供氧的系统。对于强制通风静态垛堆肥系统，通风系统不仅决定其能否正常运行，也是温度控制的主要手段。在堆肥过程中，通风不仅为微生物分解有机物供氧，同时也去除二氧化碳和氨气等气体，并蒸发水分使堆体散热，以保持适宜的温度。相对于条垛式堆肥系统来说，强制通风静态垛堆肥系统能更有效地确保达到高温，杀灭病原菌。它与条垛式堆肥系统的不同之处在于：堆肥过程中不进行物料的翻堆；堆体内的氧气是通过鼓风机向堆体内通风来提供的。强制通风静态垛堆肥系统的优点有：设备的投资相对较低；与条垛式堆肥系统相比，能够更好地控制温度和通气情况；产品的稳定性较好，且能更有效地杀灭病原菌和控制臭味；由于控制条件较好，强制通风静态垛堆肥系统堆腐时间相对较短，一般为 2～3 周；但是，由于堆肥是露天进行的，因此易受气候条件的影响。加盖大棚可以解决这个问题，但同时也会加大投资。与条垛式堆肥系统相比，在足够大体积和合适的堆腐条件下，强制通风静态垛堆肥系统受寒冷气候的影响比较小。强制通风静态垛堆肥系统在美国使用最普遍。

（3）发酵仓堆肥系统

发酵仓堆肥系统是在部分或全部封闭的容器内，控制通风和水分条件，使物料进行生物降解和转化。发酵仓堆肥系统有很多分类方法。按物料的流向划分，可分为：竖直流向反应器、水平流向反应器。竖直流向反应器包括：搅动固定床式、包裹仓式；水平流向反应器包括：旋转仓式、搅动仓式。美国国家环保局（EPA）把发酵仓系统分为：推流式和动态混合式。在推流式系统中，每个物料颗粒在发酵仓中的停留时间是相同的。在动态混合式系统中，堆肥物料在堆肥过程中被搅拌机械不停地搅拌至均匀。这两类系统又可以根据发酵仓的形状进一步划分，推流式系统分为：圆筒形反应器、长方形反应器和沟槽式反应器；动态混合式系统分为：长方形发酵塔和环形发酵塔。

3．堆肥过程中的参数控制

（1）有机质的含量。有机质含量高低影响堆料温度和通风供氧。有机物质含量过低，则分解产生的热量不足以促进和维持堆肥中嗜热性细菌的增殖，料堆难以达到高温阶段，影响堆肥的无害化效果。而且，有机物质含量低，将影响堆肥产品的肥效和使用价值。有机物质含量过高，则需要大量供氧，这会给通风供氧造成实际困难，有可能因供氧不足，造成部分厌氧条件。适宜的有机物质含量为20%～80%。

（2）通风量与通风频率。通风供氧是好氧堆肥化生产的基本条件之一，通风量主要取决于堆肥原料有机物含量、挥发度和可降解系数等。通风除了供氧以外，还可以起到调节堆温和干燥堆料的作用。好氧堆肥要求堆料中空气含量为15%～20%。过小的通风量不足以提供给微生物充足的氧气，从而影响堆肥温度的升高；过大的通风量则有可能使料堆的热量散失，影响堆肥无害化程度。通常强制通风可取的经验数据为0.05～0.2 m^3/m^3 堆料。若采用间歇式（如定时控制）通风，则通风量可取较大的数据。

（3）水分。水分是否合适直接影响堆肥发酵速度和腐熟程度。对污泥堆肥而言，堆料合适的水分含量为55%～65%。在实际操作中，简便的测定方法为：以手紧握物料能成团，有水迹出现，但水不滴出为宜。垃圾堆肥最合适的水分为55%。

（4）C/N 比。在堆肥过程中，有机碳主要作为微生物的能源物质，大部分有机碳在微生物代谢过程中因氧化分解变成 CO_2 而挥发，部分碳则构成微生物自身的细胞物质。氮主要消耗在原生质合成之中，就微生物对营养的需要而言，最合适的 C/N 比在 4～30。当有机物 C/N 比在 10 左右时，有机物被微生物分解的速度最大。随着 C/N 比的增加，堆肥时间相对延长，据文献报道：当原料的 C/N 比为

20、30～50 和 78 时，其对应所需的堆肥化时间分别为 9～12 d、10～19 d、21 d；但当 C/N 比大于 80 时，堆肥就难以进行。各堆肥原料的 C/N 比通常为：锯末屑 300～1 000、秸秆 70～100、垃圾 50～80、人粪 6～10、牛粪 8～26、猪粪 7～15、鸡粪 5～10、下水污泥 8～15。堆腐后 C/N 比将比堆腐前明显下降，通常在 10～20，这种 C/N 比的腐熟堆肥，农业利用肥效较好。若成品堆肥的 C/N 比过高，农业利用时就可能造成微生物和植物争夺氮素养分，使农作物可利用氮减少，影响农作物的生长发育。

（5）pH。微生物可在较大的 pH 范围内繁殖，合适的 pH 为 6～9。固体废弃物堆肥时通常不需要调整 pH。但 pH 过高或过低的堆料则需要先在露天堆积一定时间或掺入其他物料以降低或增加 pH。

4．堆肥指标判断

堆肥腐熟度是评价堆肥质量最重要的参数之一。堆料发酵到什么程度才能认为已腐熟对于堆肥化理论研究、堆肥技术及设备的设计和评价、堆肥成品的质量控制与分级等各方面都有重要意义。

由于堆肥原料和所采用的工艺不同，堆肥过程中一些物理、化学和生物参数的变化趋势虽有某些相同之处，但变化的绝对或相对数值常各有区别。因此，堆肥腐熟度的评价很难用单个指标来衡量，往往需要对各种指标进行综合评价与判断。这些指标包括外观变化、温度等工艺参数的变化、化学参数、生物学参数以及光谱学变化特征等，常用的主要为前 4 类。

（1）外观变化判断法

直观定性判断标准是堆肥不再进行激烈的分解，成品温度较低；外观呈茶褐色或黑色；结构疏松；没有恶臭。

（2）工艺参数判断法

工艺参数判断法主要依靠堆肥温度以及耗氧速率判断堆肥的腐熟程度：①堆肥温度。通常料堆经过了高温阶段后，堆温温度将逐渐下降。当堆肥达到腐熟时，堆温将低于 40℃。但对于发酵仓堆肥系统，堆温的指示功能不如非发酵仓式堆肥。②耗氧速率。在堆肥过程中氧的消耗速率标示出有机物的分解程度和堆肥反应的进行程度。从堆积至腐熟过程中，耗氧速率曲线表明其变化由低至高再下降，然后趋于稳定；当堆肥稳定时，相对耗氧速率基本稳定在 0.02△O_2%/min 左右。

（3）化学参数判断法

①有机质和挥发性固体含量的变化　随着堆肥的进行，堆肥有机质和挥发性固体含量呈持续下降的趋势，最后达到基本稳定。达到腐熟时，可下降 15%～30%。然而这种变化趋势受原料来源的影响很大。仅用其来衡量堆肥是否腐熟，

还不充分。

②氮、C/N 比及无机氮形态的变化　在堆肥过程中部分有机碳将被氧化成 CO_2 挥发损失，料堆质量减少。由于氮的损失（主要是在有机氮的氨化阶段，少量的氨氮会挥发损失）远低于有机碳的损失，因此，堆肥腐熟后，堆肥中全氮含量有上升的趋势，而 C/N 比持续下降，直至稳定。一些研究指出，当堆料的 C/N 比从 25∶1～35∶1 下降至 20∶1 以下时，料堆将达到稳定。堆肥过程中无机氮形态将会发生明显的变化。氨态氮在很短的时间内迅速增高，随后大幅度下降，而硝酸盐则从开始起就持续升高。

③水溶性有机碳及水溶性有机碳与有机氮之比　在堆肥过程中，堆肥水浸提液中水溶性有机碳的变化比堆料固体有机碳的变化要明显得多。研究发现，当堆肥腐熟时，水溶性有机碳可下降 50%以上。浸提液中有机氮也有类似的规律，但降幅远没有水溶性有机碳大。近年来发现，水溶性有机碳与水溶性有机氮的比值是堆肥腐熟的良好化学指标，该值为 5～6 时表明堆肥已经腐熟，而且该值与堆肥原料无关。

（4）生物学参数判断法

通常采用堆肥水浸提液对种子萌发的影响或堆肥对幼苗生长的影响作为生物指标来衡量堆肥的稳定程度。当堆肥没有达到稳定时，堆肥的水浸提液具有一定的植物毒性，会妨碍种子的萌发和根的伸长。种子萌发实验的时间一般为 24 h，它是评价堆肥稳定化程度最直接的指标之一。实验用的种子包括水芹、胡萝卜、芥菜、白菜、小麦、番茄等，目前国际上应用最多的是水芹（Cress）种子，它对环境的敏感性高，发芽快。种子萌发实验的结果一般用种子发芽指数来表示（%）：种子发芽指数（%）=（堆肥水浸提液处理种子的发芽率×处理种子的根长）/[（去离子水处理种子的发芽率×去离子水种子的根长）]×100%。具体做法为：堆肥鲜样按水∶物料比=1∶2 浸提，160 r/min 振荡 1 h 后过滤；吸取 5 mL 滤液于铺有滤纸的培养皿中，滤纸上放置 10 颗水芹种子，25℃下培养 24 h 后，测定种子的根长；同时用去离子水做空白对照，按上述公式计算种子发芽指数。当水芹种子发芽指数达到 50%以上时，可认为已消除植物毒性，堆肥基本到达稳定化。

三、畜禽养殖污染治理工程实践

（一）铁岭大牛再生能源有限公司大型沼气工程

铁岭大牛再生能源有限公司大型沼气工程建成于 2008 年，地处辽宁省铁岭市经济开发区，占地 10 000 m^2，主要处理铁岭大牛乳品有限公司 2 000 头奶牛养殖场产生的畜禽粪污。工程一级厌氧发酵罐采用 CSTR 反应器，有效容积为 2 000 m^3。日处理畜禽粪污 80 t，日产沼气 2 000 m^3，全部发电，沼液作为有机肥料还田。工程总投资 850 万元（图 3-4）。

图 3-4　铁岭大牛再生能源有限公司大型沼气工程

预处理：预处理采用 2 级平流沉淀池除砂，采用回转格栅除草。厌氧反应器采用立甫罐。原料增温在预处理池进行，增温方式为热管加热，热源采用发电机组余热。

厌氧发酵罐：工程一级厌氧发酵罐采用 CSTR 反应器、有效容积为 2 000 m^3，反应器设置顶搅拌，搅拌器间歇开启，罐体内部液面附近设破壳搅拌桨，用于防止因粪污中纤维物结壳而阻碍沼气释放。二级发酵罐容积 1 000 m^3，无搅拌。发酵罐采用立甫罐，罐体保温采用岩棉+彩钢保温；增温采用在罐体外壁缠绕热管增温，热源为发电机组余热。

沼气利用：项目产生的沼气经脱水、脱硫后进入 180 kW 的沼气发电机组发电，发电机组间歇运行，发电机组余热用于原料增温以及罐体增温。

沼液存储与利用：沼液从二级反应罐排出后一部分进入预处理池用于原料稀释，另一部分进入沼液储池。夏季沼液直接还田，冬季在池内存储。

（二）辽宁宏福再生能源有限公司大型沼气工程

辽宁宏福再生能源有限公司大型沼气工程建成于 2008 年，地处辽宁省铁岭市清河区，占地 12 000 m^2，主要处理辽宁宏福肉类有限公司是 4 000 头肉牛养殖场产生的畜禽粪污。工程建设一级厌氧发酵罐 2 座，单座有效容积为 1 000 m^3；

反应器结构采用 CSTR 反应器，日处理畜禽粪污 80 t，日产沼气 2 000 m^3，全部发电，沼液作为有机肥料用于蔬菜大棚种植。工程总投资 900 万元（图 3-5）。

图 3-5 辽宁宏福再生能源有限公司大型沼气工程

预处理：预处理采用 2 级平流沉淀池除砂、采用回转格栅除草。厌氧反应器采用立甫罐。原料增温在预处理池进行，增温方式为热管加热，热源采用发电机组余热。

厌氧发酵罐：工程建设一级厌氧发酵罐 2 座，单座有效容积为 1 000 m^3，反应器结构采用 CSTR 反应器，反应器设置顶搅拌，搅拌器间歇开启，罐体内部液面附近设破壳搅拌桨，用来防止因粪污中纤维物结壳而阻碍沼气释放。二级发酵罐容积 1 000 m^3，无搅拌。发酵罐采用焊接钢罐，罐体保温采用岩棉+彩钢保温；增温采用在罐体外壁缠绕热管增温，热源为发电机组余热。

沼气利用：项目产生的沼气经脱水、脱硫后进入 180 kW 的沼气发电机组发电，发电机组间歇运行，发电机组余热用于原料增温以及罐体增温。

沼液存储与利用：沼液从二级反应罐排出后一部分进入预处理池用于原料稀释，另一部分进入沼液储池，作为有机肥料用于蔬菜大棚。

（三）天祥鹅业有限公司畜禽粪污综合治理工程

天祥鹅业有限公司畜禽粪污综合治理工程是在国家重大水专项以及辽宁省环境保护厅的支持下，为打造辽宁省第一个集养殖、种植于一体，有机肥、沼气于一体的生态农业循环链条而建设的环境综合治理项目。项目粪污处理能力 5.5 万 t/a，是辽宁省最大的农业面源污染减排项目之一，其中沼气项目年处理粪污 1.5 万 t，投资 550 万元；有机肥项目年处理粪便 4 万 t，投资 1 300 万元。见图 3-6 和图 3-7。

图 3-6 天祥鹅业有限公司畜禽粪污综合治理工程沼气项目

图 3-7 天祥鹅业有限公司畜禽粪污综合治理工程有机肥项目

沼气项目。建设 1 000 m^3 厌氧发酵罐 1 座，200 m^3 单层气柜 1 座，240 kW·h 沼气加热器 1 台，沼气净化系统 1 套，粪污预处理装置 1 套，沼液喷灌系统 1 套以及配套公用设备等。达产后年处理畜禽粪污 1.5 万 t，年产沼气 36 万 m^3，沼肥 1.5 万 t。沼气作为燃料供养殖场自用，剩余部分供周边农户；沼液作为液肥，用于珍稀花卉、果树、玉米等经济作物的种植；生产的玉米作为畜禽饲料用于有机大鹅养殖；养殖产生的污水、粪便作为发酵原料又进入发酵系统。

有机肥项目。建设 8 000 m^2 堆肥场 1 座，1 500 m^2 有机肥车间 1 座，筛分、造粒、干燥、包装生产线各 1 套，购置德国巴库斯抛翻机 1 台以及配套公用设备等。达产后处理能力为 4.0 万 t/a，年产有机肥 2 万 t。堆肥原料为畜禽粪便及少量的秸秆，生产的有机肥外售给周边农户用于农业种植。

预处理：沼气工程粪污预处理采用沉沙井+无轴螺旋除砂，采用粉碎格栅除草。调节池与沉沙井之间设置了粉碎格栅机，解决了长纤维带来的工艺管道堵塞问题，同时有利于物料降解。采用沉沙井除砂，用无轴螺旋将井底的沙子提送至地面，解决了平流沉沙渠占地面积大和沉沙不彻底的问题。

厌氧发酵罐：工程一级厌氧发酵罐采用 CSTR 反应器，有效容积为 1 000 m^3；反应器设置顶搅拌，搅拌器间歇开启；罐体内部液面附近设破壳搅拌桨，用来防止粪污中因纤维物结壳而阻碍沼气释放。发酵罐采用焊接钢罐，罐体保温采用岩棉+彩钢保温，增温采用在罐体外壁缠绕热管增温，热源为沼气锅炉产生的热量。

沼气利用：项目产生的沼气经脱水、脱硫后进入沼气锅炉，产生的热能用于原料增温、罐体增温以及养殖场用热。

沼液存储与利用：沼液从反应罐排出后一部分进入预处理池用于原料稀释；另一部分进入沼液储池，作为液肥，用于珍稀花卉、果树、玉米等经济作物的种植。

好氧堆肥抛翻：引进德国好氧堆肥行车抛翻设备，实现了大尺度宽垛堆肥，抛翻的同时对堆肥中长纤维物料进行粉碎，提高堆肥效率。对堆肥条件、抛翻频次、原料配比、菌剂投加等进行优化控制，实现畜禽粪便的快速腐熟，减少碳氮损失，提高肥效。

第二节　水产养殖业废弃物污染控制技术

一、水产养殖业及其产生的污染问题

水产养殖是人为控制下繁殖、培育和收获水生动植物的生产活动。一般包括在人工饲养管理下从苗种养成水产品的全过程。广义上也可包括水产资源增殖。水产养殖有粗养、精养和高密度精养等方式。粗养是在中、小型天然水域中投放苗种，完全靠天然饵料养成水产品，如湖泊水库养鱼和浅海养贝等。精养是在较小水体中用投饵、施肥方法养成水产品，如池塘养鱼、网箱养鱼和围栏养殖等。高密度精养采用流水、控温、增氧和投喂优质饵料等方法，在小水体中进行高密

度养殖，从而获得高产，如流水高密度养鱼、虾等。

随着渔业资源的衰退，海洋捕捞水产品产量增长乏力，甚至出现负增长；各国都加大了对渔业资源的保护力度，公海渔业资源也通过国际合作加以保护，因此今后水产品供给对养殖业的依赖性会逐步提高。水产养殖业作为我国粮食安全保障以及实施“紧缺资源替代”战略的重要组成部分，已逐渐成为农村经济发展新的增长点和亮点，为优化农村产业结构、增加农民收入作出了新的贡献。

但是我国传统水产养殖模式更多的是一种单向流动的线形经济增长与资源利用模式，即“资源—产品—污染排放”模式，其带来了一系列的负面效应，比如水质严重恶化、鱼病频繁发生导致药物残留超标，已逐渐呈现典型的“石油渔业”时代特征；在影响水产品质量安全的同时，也酿成了区域性环境污染，威胁着我国水产养殖业的可持续发展。

（一）从整体上看，可供利用的渔业淡水资源正遭受不同程度的污染

据统计：我国目前可利用的淡水面积约为 577 万 hm^2，已作渔业利用的为 416 万 hm^2，占到 72%。随着城乡工农业生产的高速发展，化肥、农药等大量使用以及城镇人口的不断增加，大量未经处理的污水排入江湖；加之养殖业的发展和渔船及鱼类加工企业所造成的渔业自身污染问题，使渔业环境生态遭到不同程度的破坏，打破了原来自然界的平衡状态，对渔业水体环境的影响日益明显，严重影响了鱼类的生长、发育、繁殖与栖息；养殖水产品的食用商品价值不断下降，水产品的质量安全问题日益严重。

（二）水产养殖造成的水污染

近几年来，在经济利益驱动下，水产养殖业无序发展，逐渐由半集约化养殖方式转向高度集约化养殖方式。这些水产养殖模式是靠施肥或投饵获得尽可能多的鱼产品，生产中产生的残饵、残骸、鱼体排泄物和施放的化肥、药物都要在水体中分解并消耗溶解氧，分解的产物主要成分为氨氮。这样一来，水中的溶解氧降低，氨氮上升，造成水质恶化，对水产养殖水环境产生了污染。同时由于水质的恶化会使水中滋生大量病毒、细菌等致病微生物，因此影响了养殖水产品的质量安全。

（三）水产养殖污水排放破坏了周围环境，加剧了与环境污染控制的矛盾

水产养殖迅猛发展，使当今养殖污水排放量剧增，对环境造成了恶劣影响。这主要是因为传统养殖模式为超容量高负荷养殖，生产过程中存在着一些不合理

投放饲料与鱼药使用的行为，大大超过了环境容量和环境自净能力，导致营养不均衡，养殖污水富含 N、P 等营养物质。这些污水排放流入河道，可能导致藻类大量繁殖，产生多种毒素，从而污染水体、土壤和空气，最终形成“池塘水体—土壤—养殖生物—大气”连锁污染，通称为立体污染。

由此可见，水产养殖业在我国已成为污染源头和受污染物影响的重要功能区之一。这不仅给渔民、企业甚至给国家带来了巨大的经济损失，而且给消费者的健康带来了风险。为使我国渔业发展走健康可持续发展之路，必须有效地控制水产养殖水污染，改变传统粗放型生产方式，寻求科学的经济发展模式，以最小的经济和社会成本在获取水产品的同时保护渔业资源和环境。

二、水产养殖污染防治技术

（一）砂滤池净化养殖污水

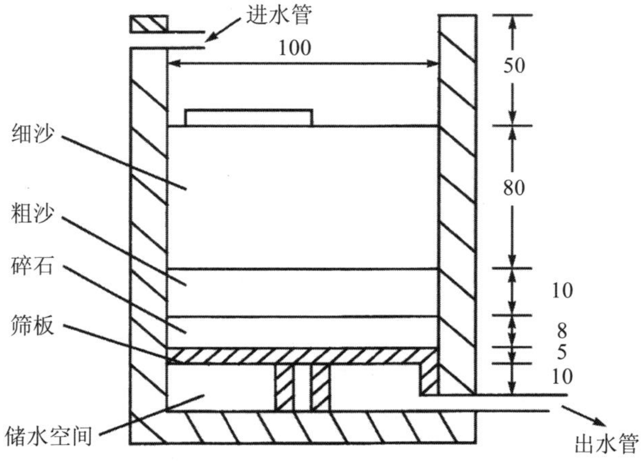

图 3-8 砂滤池剖面图 单位：cm

砂滤池是构造较简单、处理废水成本较低的一种过滤装置，可以把大型的生物和非生物杂质除去。南方普遍使用砂滤池，但各养殖、育苗场砂滤池规格不同。以长、宽为 1 m 或 1.5 m，高为 1.5～2 m，4～6 个砂滤池平行排列组成一套的设计较为理想。砂滤池底有出水管，内为 10～12 cm 高的储水空间，其上为一块 5～10 cm 厚的木质或水泥筛板（由小块筛板合并而成），筛板上密布大小为 2 cm 的筛孔。筛板上铺一层网目为 1～2 mm 的胶丝网布，上铺大小为 2.5～3.5 cm 的碎石，碎石层厚 5～8 cm。碎石层上铺一层网目为 1 mm 的胶丝网布，上铺大小为 3～4 mm 的粗砂，粗砂层厚 8～10 cm。粗砂层上铺 2～3 层网目小于 100 μm 的筛绢网布，上铺大小为 0.1 mm 的细砂，细砂层厚 60～80 cm。其缺点是：①砂滤池是靠水自身的重力作用通过砂滤层的，过滤速度较慢，必须经常更换被生物和非生物碎块填塞的表层细砂。②砂滤池只能过滤个体较大的生物，小型生物容易随水流滤出，而且不能有效地去除废水中过量的营养盐。

（二）有益菌净化养殖废水

微生态制剂（Microbial Ecological Agents）是根据微生态学原理从天然环境中筛选出来的微生物菌体，经培养、分离、纯化、繁殖后制成含有大量有益菌的活菌制剂。微生态制剂对养殖水体的净化作用已经得到人们的普遍肯定，微生态制剂可提高水体的溶解氧含量、降解 COD、抑制条件致病菌、调节 pH，并使氨氮、亚硝酸态氮含量降低。目前水产养殖生产上用得比较多的是光合细菌、芽孢杆菌复合菌等，对这两类菌的生长特性、作用机制都有较多研究报道。除此之外，还有硝化细菌复合菌、EM 菌、酵母菌和乳酸菌等，这些有益菌产品也都普遍应用到生产中了。

光合细菌是一类在厌氧条件下进行不放氧光合作用的细菌的总称，同时该菌也能在有氧无光的条件下生长。光合细菌为中温型微生物，在 10～45℃范围内均可生长繁殖，最佳温度在 25～30℃，最适生长 pH 为 7.0～8.5。光合细菌不仅可以利用光能同化 CO_2，还能分解利用许多有机物质，如有机酸、醇、糖类以及某些芳香族化合物，并转化某些有毒物质，如 H_2S、氨氮、硝态氮等，在促进水生态系统的物质循环、净化水体过程中发挥重要的作用。芽孢杆菌是革兰阳性菌，多属芽孢杆菌属，是普遍存在的一类好氧性细菌。该类菌具有强烈的分解蛋白质、复杂多糖和水溶性有机物的能力。

在实践生产中单一菌种的使用也有其弊端，如菌群生存能力差、效果不稳定等。因此复合菌的使用在生产上日益增多，人们也越来越关注有益菌之间的协同作用。比如光合细菌不能分解大分子有机物，只能分解小分子有机物；而芽孢杆菌不能分解小分子有机物，只能将大分子有机物分解成小分子有机物和氨基酸等。光合细菌能利用氨氮生长繁殖，芽孢杆菌能对亚硝酸盐、硝酸盐进行反硝化作用，光合细菌又可以促进异养菌的生长。从而光合细菌与芽孢杆菌之间在机理上形成了协同作用的关系。

（三）大型藻类及贝类净化养殖废水

生物修复（Bioremediation）是指利用自然界中某些生物对污染物的吸收、降解和转移等作用，达到减少或最终消除环境污染，使受损生态系统得以恢复的过程。自然水体的自净过程主要是微生物的作用，因此，人们也将微生物降解有机物污染而消除污染和净化环境的过程称为生物修复。继生物修复之后，近年来有些学者又提出了植物修复的概念，所谓植物修复（Phytoremediation），就是指用植物移除、消灭、隔绝环境中有害的物质。20 世纪 90 年代以来欧盟启动了有关富营养化和大型海藻的 EUMAC 研究计划，以研究大型海藻在海区富营养化过程中的影响和作用。

大型藻类的生长需要吸收大量的溶解有机物和无机物，且优先选择 NH_4^+，比如可食江蓠就可以快速吸收 NH_4^+。不仅如此，它们还可以吸收重金属（Fe^{3+}、Zn^{2+}、Cu^{2+}），这对养殖后期对虾健康生长更具有重要意义。孔石莼能同时吸收水中的三态氮和磷酸盐，尤其对氨氮有极强的吸收作用。石莼具有很强的吸收无机物的能力，很适宜在排水沟里养殖。将江蓠置于精养虾池排水沟中养殖，江蓠生长效果很好，同时也利用和净化了养殖废水，一举两得。由此可见，大型藻类具有很强的净化废水的能力，尤其对于富营养化的养殖污水更是变废为宝、化害为利的良方。

（四）微生物固定化技术净化养殖废水

传统的污水处理工艺多以有机物和悬浮物为主要处理目标，对氨氮等营养物质的去除率普遍不高；若原污水氨氮含量较高，则出水氨氮不能达标。养殖废水中氨氮含量普遍较高，因此，养殖废水的脱氮已引起科学家的极大关注。养殖废水的脱氮方法很多，其中生物脱氮是最经济、有效的方法。可用于废水生物脱氮的微生物较多，但研究较多的是硝化细菌。硝化细菌是生物硝化脱氮中起主要作用的微生物，直接影响硝化的效果和生物脱氮的效率，但在废水中硝化细菌的含量较低，因此开发硝化细菌的富集技术和提高硝化细菌的产率，在废水处理方面具有重大意义。

传统的生物脱氮一般包括硝化和反硝化两个阶段，分别由硝化细菌和反硝化细菌作用完成。但由于硝化菌（严格好氧）和反硝化菌（兼性厌氧）具有不同的生理特性，硝化和反硝化作用难以在空间和时间上统一，脱氮效果较差；而目前采用的固定化微生物载体，其内部空间具有氧扩散能力，可以自然形成由外向内的好氧区、缺氧区和厌氧区，实现了好氧条件下的同时硝化和反硝化，从而实现单级生物脱氮。

（五）生物膜法净化水产养殖污水

生物膜法因具有产生污泥少、运行管理方便、动力消耗少等特点，在水产养殖处理废水方面得到广泛应用。但是，供生物膜附着的载体不同，附着的微生物的生物量对养殖废水的处理效果就不同。填料包括碎石、卵石、焦炭、煤渣、塑料蜂窝等。在处理水产养殖污水时起主要作用的是生物膜，它是由水、微生物、细胞外黏多糖聚合物和缩多氨聚合物等组成。好氧菌、原生动物、细菌等以氨及溶解有机物为食料，在呼吸作用中氧化，从而获得生命进行繁殖。由于生物间的相互依赖，保持平衡状态，水产养殖产生的污染物最终被分解为二氧化碳、氨、碳酸盐、硫酸盐等简单的化合物，水得到了净化。在实践过程中，生物膜不是连续的层状结构，而是附着在一起的堆体或藻群的随机组合，这些堆体或群落存在许多通道，水和捕食的原生动物可以通过这些通道。

目前使用最多的生物过滤器有浸没式生物滤床、滴滤式生物滤床和生物转盘等。

（六）水产养殖废水的自然生物处理

用自然生物处理水产养殖水体主要有人工湿地、稳定塘等方法，其优点是处理含氮和磷的水体，能达到比较彻底的处理效果。人工湿地具有一定的污水处理能力，对氮、磷有机物悬浮物等的去除有良好的效果；对人工湿地净化工农业废水已有大量研究，近年来，用人工湿地处理水产养殖废水取得一定进展。非集约化水产养殖的自然水域本身是一个典型湿地系统，具有良好的自净能力，只要合理利用和加强其自净能力，就会有良好的环境效应和经济效应；湿地系统中藻类密度高，在地表水力负荷 13.5 cm/d 时，COD 的去除率约为 55%、NH_4^+-N 为 30%、PO_4^{3-}-P 为 30%；如果水力停留时间在 3 d，则 COD 的去除率约为 80%、NH_4^+-N 为 83%、PO_4^{3-}-P 为 55%。鱼塘水生生态系统本身有很强的净污能力，在水产养殖水体的处理中完全可以利用鱼塘对污染物的净化能力来净化污水。养殖水体的综合利用主要是用池塘的自净能力和鱼类生理特性，如充氧、鱼藻共生系统、鱼类白天和晚上不同活动时间混养、耐污能力不同鱼类混养和对鱼类生理的修正。

（七）水培植物净化养殖废水

利用一些可在水中生长的经济植物或作物来净化养殖废水，经济植物既可以创造价值，同时也可以净化养殖废水，如郭立新等采用循环水培植高羊茅净化甲鱼养殖废水：在前期废水营养盐未消耗完前，高羊茅培植在甲鱼养殖废水与对照组营养液的生长情况，相差不大。高羊茅对甲鱼养殖废水氮、磷及 COD 的去除效果较好。

利用循环水培植高羊茅系统净化甲鱼养殖废水，不但可以降低废水中的氮、磷、COD、SS 等污染指标，使之达标排放，还可以利用其中的营养成分培养高羊茅等经济植物，将其作为观赏草坪或牲畜饲料出售，产生经济效益，达到了对甲鱼废水综合利用、化害为利的目的。

水培番茄栽培系统对甲鱼养殖废水中的 COD、NH_3-N、NO_3^--N 和 PO_4^{3-}-P 等有较高的净化率，其值分别为 77%、33%、97%、100%。水培番茄植株根须和根毛对养殖废水中的悬浮物和固体残渣有良好的吸附和过滤性能，每棵植株根部可吸附和沉淀 10～12 g 固形物。如用水培番茄来净化和滤清甲鱼养殖废水，则以 1 只甲鱼与 0.6 m^2 水培番茄种植面积配比较为适宜。总的来讲，水培高等陆生植物修复富营养化水体是一种新型的，具有经济、社会、生态等多种效益的新技术，具有广阔的发展前景。

参考文献

[1] 王倩．畜禽养殖业固体废弃物资源化及农用可行性研究[D]．济南：山东师范大学，2007.

[2] 黄卉．规模化养殖场粪便废弃物的还田处理与二次污染风险研究[D]．南京：南京农业大学，2009.

[3] 成喜雨，庄国强，苏志国，等．沼气发酵过程研究进展[J]．过程工程学报，2008，8（3）：607-614.

[4] 鲍艳宇，周启星，颜丽，等．畜禽粪便堆肥过程中各种氮化合物的动态变化及腐熟度评价指标[J]．应用生态学报，2008，19（2）：374-392.

[5] 李承强，魏源送，樊耀波，等．堆肥腐熟度的研究进展[J]．环境科学进展，1999，7（6）：1-11.

[6] 张小栓，李楠，蔡文贵，等．我国水产养殖水污染成因及其对策研究[J]．中国渔业经济，2007（5）：30-33.

[7] 林小涛，黄翔鹄，邱德全，等．水产动物无公害养殖原理与水环境调控技术[M]．北京：中国环境科学出版社，2009.

[8] 王建国．养殖废水处理研究进展[J]．广东化工，2010，37（206）：214.

[9] 王易．国内外水产养殖水质处理方法[J]．福建水产，1996，6（4）：214.

第四章　种植业废弃物污染控制技术

本章将着重从农作物秸秆和农用地膜污染两方面，论述我国种植业废弃物污染现状和控制技术。

秸秆即农作物的茎秆，在农业生产过程中，收获了小麦、玉米、稻谷等农作物以后，残留不能食用的根、茎、叶等废弃物统称为秸秆。秸秆是一种具有多用途的可再生生物资源，农作物光合作用的产物有一半以上存在于秸秆中。

第一节　农作物秸秆污染控制技术

一、农作物秸秆资源分布、性质和特点

（一）我国秸秆资源总量

我国秸秆总产量随着我国农业综合生产水平的持续提高，总体上呈不断增长之势。如图 4-1 所示，1980 年，我国秸秆总产量不到 4.5 亿 t（暂不包括港澳台），1990 年达到近 7 亿 t，1998 年首次突破 8 亿 t。1998 年后，我国秸秆总产量呈波动性下降，2003 年降至不足 7.7 亿 t，与 1998 年相比净减少 5 161.26 万 t。该时期全国秸秆总产量的减少，主要是由于 1998 年以后我国开始全面实施农业结构战略性调整所形成的。2004—2005 年是我国秸秆总产量的快速增长时期，年总产量稳定在 8 亿 t 以上，两年间共计增长 8 498.41 万 t，年均增长率高达 11.23%。2005 年全国秸秆总产量达到 84 183.12 万 t，与 1980 年相比共计增长了 88.59%，年均增长 2.57%。

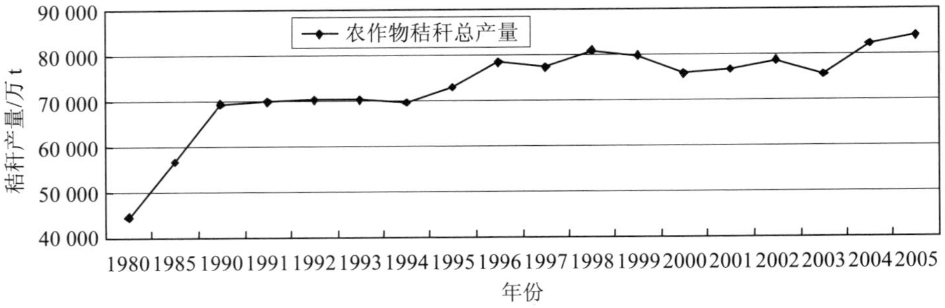

图 4-1　我国秸秆资源总量变化图

（二）我国主要秸秆作物类型

2005 年在我国秸秆总产量中，粮食作物秸秆为 59 110.02 万 t，占 70.22%；经济作物秸秆为 21 194.50 万 t，占 25.18%；其他农作物秸秆产量为 3 878.60 万 t，占 4.61%。上述三大类作物秸秆产量之比约为 1∶0.36∶0.07。

粮、棉、油、糖、菜五大类作物秸秆产量合计为 79 179.74 万 t，约占 2005 年全国秸秆总产量的 94.06%。其中棉秆为 5 257.04 万 t，油料秸秆为 4 423.34 万 t，糖料作物副产品为 2 741.01 万 t，蔬菜藤蔓及残余物为 7 648.33 万 t，分别占全国秸秆总产量的 6.24%、5.25%、3.26%和 9.09%。

三大粮食作物（包括水稻、玉米、小麦）的秸秆总产量合计为 52 056.14 万 t，占 2005 年全国秸秆总产量的 61.84%。其中水稻秸秆、玉米秸秆（芯）、小麦秸秆产量为 21 129.26 万 t，20 207.93 万 t 和 10 718.95 万 t，分别占全国秸秆总产量的 25.10%、24.00%和 12.73%。上述数据表明，蔬菜副产品即蔬菜藤蔓及残余物已经成为我国仅次于水稻、玉米、小麦三大粮食作物秸秆的第四大农作物秸秆和经济作物中产量最高的秸秆。

（三）我国主要农作物秸秆资源区域分布

2005 年全国八大区的主要农作物秸秆产量区域分布见表 4-1。依表 4-1，2005 年我国粮食作物的秸秆产量为 591 102.02 万 t，占全国秸秆总产量的 70.22%，主要分布于长江中下游地区和黄淮海区，2005 年其产量分别占全国的 25.63%和 23.48%，合计占全国的 49.11%；其次为东北区和西南区，其产量分别占全国的 17.19%和 13.74%，合计占全国的 30.93%。上述 4 个区粮食作物秸秆产量合计为 47 315.01 万 t，占全国的 80.05%。华南区、西北干旱区和黄土高原区粮食作物秸秆较少，各占全国的 6%～7%；青藏高原区粮食作物秸秆最少，仅占全国的 0.40%。后 4 个区粮食作物秸秆产量合计为 11 795.02 万 t，占全国的 19.95%。由表 4-1 还可以看出，我国蔬菜副产品主要分布于黄淮海区和长江中下游区，2005 年其产量分别为 3 013.07 万 t 和 1 921.72 万 t，分别占全国的 39.40%和 25.13%，产量合计 4 934.79 万 t，占全国的 64.53%；其次为华南区、西南区和东北区，分别占全国的 10.81%、8.83%和 7.12%，合计占全国的 26.76%。以上 5 个区的蔬菜副产品产量合计为 6 981.73 万 t，占全国的 91.28%。同年，其他 3 个区的蔬菜副产品产量合计为 666.60 万 t，占全国的 8.72%。

表 4-1 2005 年我国八大区主要农作物秸秆产量区域分布 单位：万 t

分区	粮食作物秸秆	蔬菜副产品	棉秆	油料作物秸秆	糖料作物副产品
全国	59 110.02	7 648.33	5 257.04	4 423.34	2 741.01
东北区	10 162.09	544.61	4.05	284.81	30.36
黄淮海区	13 881.87	3 013.07	2 011.04	1 155.44	15.24
长江中下游区	15 147.03	1 921.72	1 223.88	1 500.81	110.90
华南区	4 233.89	826.68	0.86	200.09	1 992.35
西南区	8 124.02	675.64	23.61	564.76	488.41
黄土高原区	359.24	354.72	267.89	219.18	3.41
西北干旱区	3 726.61	296.46	11 725.70	441.03	100.34
青藏高原区	235.28	15.42	0	57.22	0.01

（四）农作物秸秆的组成和特点

秸秆主要由纤维素、半纤维素和木质素三部分组成。纤维素的化学组成十分简单，是由β-1,4-糖苷键连接而成的线性晶体高聚物，聚合度很大（通常由 4 000～8 000 个葡萄糖分子串联起来，相对分子质量达到 200～2 000）。葡萄糖的β-1,4-糖苷键连接方式使纤维素的几乎所有羟基及其他含氧基团，都同其分子内或相邻的分子上含氧基团之间，形成分子内和分子链之间的氢键。这些氢键使很多纤维素分子共同组成结晶结构，进而组成复杂的基元纤维、微纤维、结晶区和无定形区等纤维素聚合物的超分子结构。纤维素的特殊结构使纤维素分子很难靠近纤维素分子内部的糖苷键进行有效的反应。

半纤维素在结构和组成上变化很大，一般由较短（聚合度小于 200）、高度分枝的杂多糖链组成。常见的有木糖醇、阿拉伯-木聚糖、葡萄-甘露聚糖、半乳-葡萄-甘露聚糖等，多通过β-1,4-糖苷键连接，含有五碳糖（通常是 D-木糖和 L-阿拉伯糖）、六碳糖（D-半乳糖、D-葡萄糖和 D-甘露糖）和糖醛酸。各种植物纤维原料的半纤维素链上连接着数量不等的甲酰基和乙酰基，其分支结构使半纤维素无定形化，比较容易水解为其组成糖类。

木质素是以苯丙基为基本结构单元连接而成的高分支多分散性高聚物，非常难以降解。

纤维素是细胞壁的主要成分，在纤维素的周围充填着半纤维素和木质素，阻碍了纤维素酶同纤维素分子的直接接触。

主要农作物秸秆的原料组成见表 4-2。

表 4-2 主要农作物秸秆的原料组成

秸秆种类	纤维素/%	半纤维素/%	木质素/%
稻谷	32.0	24.0	12.5
小麦	30.5	23.5	18.0
玉米	34.0	37.5	22.0
大豆	33.0	18.5	—

（五）秸秆处置不当造成的环境问题

随着农业的发展，农作物产量不断增加，秸秆产出量相应不断增加。但是，在我国一些相对较发达地区，随着农村经济的发展和农民收入的增加，农村居民用能结构正在发生明显变化。煤、油、气和电等商品能源得到越来越普遍的应用；长期以来作为主要燃料的农作物秸秆已成为废弃物，或占用一定农田常年堆积，或就地焚烧，尤其是在大中城市周围和国家重点公路沿线，焚烧秸秆成为愈演愈烈的普遍现象，不仅浪费了大量资源，而且严重污染了大气环境，制约了农村经济的可持续发展。例如 1997 年，由于秸秆焚烧，成都双流机场、石家庄市机场的航班停飞或改降其他机场，多处高速公路烟雾弥漫引发撞车事故或被迫关闭，引起党和政府及社会各界的关注。

二、农作物秸秆的污染控制技术

（一）秸秆发酵制取沼气技术

随着农业废弃物和城市生活垃圾排放量的不断增加，环境和能源压力的不断增大，生物质厌氧发酵技术得到了日益广泛的研究和应用。根据发酵底物状态的不同，生物质厌氧发酵技术分为厌氧湿发酵技术和厌氧干发酵技术。

厌氧湿发酵反应体系中的总固体（TS）含量一般在10%以内。厌氧湿发酵具有启动快、建造管理技术成熟、进出料方便等优点，是当前处理有机污染物生产沼气的主流技术；但是该技术也有明显的缺点，如处理单位质量的有机物所需的反应器容积大，沼液和沼渣分离困难等。

厌氧干发酵又称为固体厌氧发酵，反应体系中的 TS 含量达到 20%～30%。目前，该技术已经广泛应用于处理城市垃圾、禽畜粪便和农作物秸秆，具有节约用水、管理方便、产气率高和处理成本低等优点，已经成为厌氧发酵技术的研究热点。

1．秸秆厌氧干发酵原理

秸秆厌氧干发酵产沼气是以水稻、玉米、花生等农作物秸秆作为原料，经过粉碎并添加发酵菌剂做堆沤等预处理后，加入沼气池进行厌氧发酵来生产沼气和有机肥料。农作物秸秆厌氧干发酵产沼气技术以厌氧消化和生物酶技术为主。

厌氧干发酵和厌氧湿发酵在生化反应本质上是相同的，主要是厌氧和兼性厌氧微生物在厌氧环境下分解有机物产生沼气的过程，包括水解、酸化、乙酰化和甲烷化等反应阶段。但干发酵与湿发酵之间又存在较大差异，主要是由底物存在状态的差异引起的。在干发酵中，底物是以不流动的固态形式存在的，并且存在严重的异质性；在湿发酵中，底物在发酵过程中不断地搅拌混合，各种中间代谢产物和微生物在底物层中分布均匀。

由于厌氧干发酵底物流动性差，与厌氧湿发酵相比，其传质过程相当缓慢，因此传质过程可能是厌氧干发酵的限速步骤，这也可能是厌氧干发酵产气率低且产气不稳定的重要原因。

关于厌氧干发酵机理，尚无定论，目前存在“两点模型”、“区反应模型”和“反应前沿假说”等模型假说。较流行的“反应前沿假说”认为：在厌氧干发酵中，一些较大的种子体将形成反应前沿，反应前沿是由以种子体为核心的多层反应区构成的，从远离种子体到种子体端依次形成酸化区、乙酰化区、缓冲区、甲烷化区、耗竭区和种子体区。该假说将厌氧干发酵过程分为 5 个阶段：①初始酸化阶段；②产甲烷滞后阶段或形成反应前沿期；③加速阶段或微反应堆扩散阶段；④减速阶段或微反应堆融合期；⑤收尾阶段或完成二次消化期。发酵过程由反应点启动，而反应点的形成和分布取决于接种方式，不同的接种方式可能得出完全不同的动力学方程。因此如果没有限定的接种方式将很难准确地预测干发酵过程。

在厌氧干发酵不同接种物的选择过程中，以厌氧污泥的接种效果最佳，其次是猪粪以及猪粪和厌氧污泥的混合物。理想的接种物应该满足以下 3 个条件：①包含大块的固体物质；②包含完成分解的、营养贫瘠的厌氧发酵底物；③在厌氧发酵底物的内部含有丰富的产甲烷细菌。

2．典型秸秆发酵制沼气工艺

（1）户用沼气池秸秆发酵工艺

为适应以秸秆为主要发酵原料的发酵工艺及运行管理的特别要求，容积为6～10 m^{3}的圆筒形沼气池、预制混凝土板装配沼气池及椭球形沼气池三种池型，必须做适当的改进：①所有池型按照国家标准，必须设置天窗口和活动盖；②进料管设置为“Y”形管，短管与厕所、猪圈连通；长管为秸秆专用进料通道，其内径不得小于300 mm；③在沼气池拱部设置回流搅拌装置，并在进料口旁设置。要求所有沼气用户每3～5天回流一次，这样不仅可以比较好地解决沼气池上层原料结壳的问题，还可加快产气；④出料间按底层出料建造，并设置2～3级踏步，以便于出料操作。户用秸秆发酵制取沼气工艺流程见图4-2。

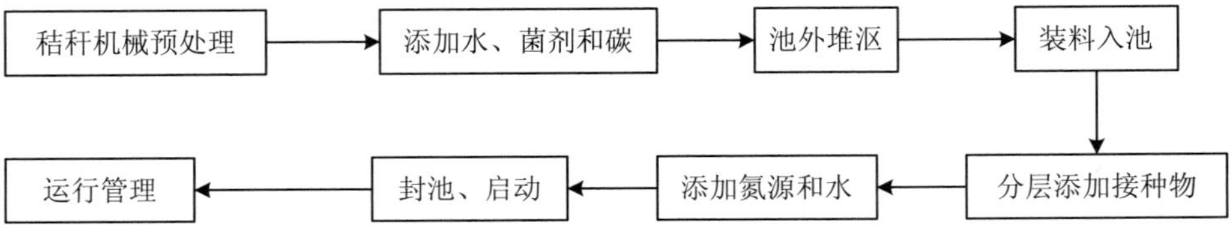

图4-2　户用秸秆发酵制取沼气工艺流程

户用沼气池的启动，最好应放在每年的4月或10月中旬前完成。启动阶段的秸秆用量：6 m^{3}沼气池秸秆用量为300 kg；8 m^{3}沼气池秸秆用量为400 kg；10 m^{3}沼气池秸秆用量为500 kg。

1）秸秆原料的预处理。首先，秸秆原料应通过机械加工改善外部形态，处理前应为风干状态，处理后的长度应在50 mm以内，以解决出料难的问题。利用铡草机等机械设备将秸秆尽量铡碎，且越短越好，可以彻底避免过去因整捆原生秸秆投入沼气池而带来的出料难问题。实践证明，沼气池中机械处理后的秸秆经过几个月腐烂和分解，呈很细的纸浆样的纤维状，使用农用钉耙等简单的出料工具，从水压间就可以比较方便地出料。另外，机械处理后的秸秆必须进行营养调节：添加一些化学元素（如尿素或碳酸氢铁），进行池外堆沤处理，以调节发酵原料的碳氮比、解决秸秆产气难的问题，并提高产气效率。

2）添加水、菌剂和碳铁。每400 kg机械处理后的秸秆，加水300～400 kg（或等量沼液），充分拌匀，湿润程度以用手捏指尖能滴水为宜；加秸秆预处理复合菌剂1 kg（用沼液拌和秸秆，可不加菌剂）；秸秆中另加碳铁5 kg。加菌剂和碳铁时，应该将秸秆堆再整体翻动一次，以使菌剂和碳铁充分混合均匀。

3）池外堆沤。将添加水、菌剂和碳铁后的秸秆堆为矩形立方体，上部用塑料薄膜覆盖，并均匀分布三排，约 40 个气孔，薄膜覆盖下部周边留 100 mm 孔隙，以利于滤水和透气；堆沤时间夏季为 3 d，春秋季 4～5 d，冬季 6～7 d。因气候变化等可能的影响，堆沤时间长短的确定，以秸秆原料表面长满菌丝为宜。

4）装料入池。经堆沤后的原料，进池时应添加接种物、氮源和水。接种物种类有沼渣液或活性污泥，质量为 1 000～2 000 kg；且投放方式为分层加入，即边向沼气池中装料边加入接种物；氮源的种类有碳铵或人粪便；加入事先融化好的碳铵 8～10 kg，或加人粪尿 300～500 kg（有人粪便可不加碳），再加水 2 000～3 000 kg，直到发酵液面至天窗口下沿 500～550 mm 为止（8～10 m^3 沼气池）。

5）沼气池的密封与启动。装料后，户用沼气池的密封和启动程序按《农村家用沼气发酵工艺规程》（GB 9958—88）执行。

6）日常运行管理。①补充氮源。氮源的添加方式为从进料口加入；添加人畜粪便或碳铁等氮源的周期及数量为每 15 d 加 1～2 kg 碳铁；若沼气池与厕所相连通，厕所粪便可以直接进入沼气池，则可不加碳铁。②补充秸秆原料。沼气池正常启动运行 60 d 后，应按期添加秸秆，每 7 d 左右，向池内补充经机械加工、池外堆沤等预处理的秸秆 15～25 kg。注意观察水压间的水位，根据其高低来决定补充水量或排出一定量的沼渣沼液。③定期搅拌。每次添加碳铁等类氮源、加秸秆时必须用手动泵，强行回流搅拌。厕所与沼气池连接的沼气用户，也要每 7 d 用手动泵强回流搅拌一次，每次时间 30 min。④换料。以秸秆为主要原料的沼气池，运行一年后必须进行大换料，大换料的时间应定在每年的 4 月或 10 月。出料方式为先抽出沼液（注意保留 10%），然后从出料间用农用钉耙等简单的出料工具清理出秸秆渣。若池内仍有较严重结壳，则应打开活动盖，进行出料。出料过程的安全注意事项，应按《农村家用沼气发酵工艺规程》执行。

（2）大中型秸秆发酵制沼气工艺

1）全混合“自载体生物膜”发酵技术。该技术由北京化工大学李秀金教授开发，采用全混合“自载体生物膜”发酵技术和带温室增温的半地下卧式反应器，序批式进料，利用地温、温室和沼气多能互补的加热保温方式。秸秆厌氧消化生产沼气与集中供气工艺路线（图 4-3）包括如下 6 个部分：①固态化学预处理：秸秆首先经搓揉机进行搓揉，搓揉后的秸秆在预处理间用专用预处理剂处理。把一定量的专用处理剂融合在水里，然后通过喷洒系统均匀喷洒到搓揉好的秸秆中，在常温下自然放置，让预处理剂能够充分地与秸秆进行作用，3 d 后即可使用。②厌氧发酵生产沼气：预处理好的秸秆被送入半地下卧式厌氧发酵池进行厌氧发酵，采用全混合“自载体生物膜”厌氧发酵技术。秸秆既是微生物生命活动的“食料”，同时，也是微生物依附生存的“载体”。针对秸秆容易吸收膨胀、容易产生“漂浮”和“分层”的现象，厌氧菌与物料接触不充分，营养传送和传热传质效果差的问题，采用“卧式”反应器型式和斜搅拌与侧搅拌组合的搅拌方式，强化物料的混合。③沼气净化和管网输配：产生的沼气先经过脱水、脱硫净化处理，然后被加压和储存在储气罐中。储气罐中储存的沼气经调压后，通过地下输送管网输送至用户家中。在输送管网各处设有凝水器、调压器和检测井等。④加热保温系统：采用太阳能温室、地温和沼气加热相结合的多能互补方式，对发酵池进行加热和保温。在春季、秋季和夏季，利用太阳能加温和地温保温；在冬季温度低时，使用部分沼气通过锅炉加热热水，对发酵料进行加热。⑤沼渣沼液利用：系统产出的沼液70%作为预处理调节用水回用，沼渣和剩余部分沼液作为有机肥料，施用于附近蔬菜生产基地的温室蔬菜。⑥监控和数据采集系统：系统设有沼气泄漏自动报警、超压自动放气等安全自控装置，可以有效保证系统的生产安全；主要运行和性能参数如沼气产量、压力、温度、光照强度等实现了数据自动采集、计算机实时显示和记录，以便实时了解实际生产状况。

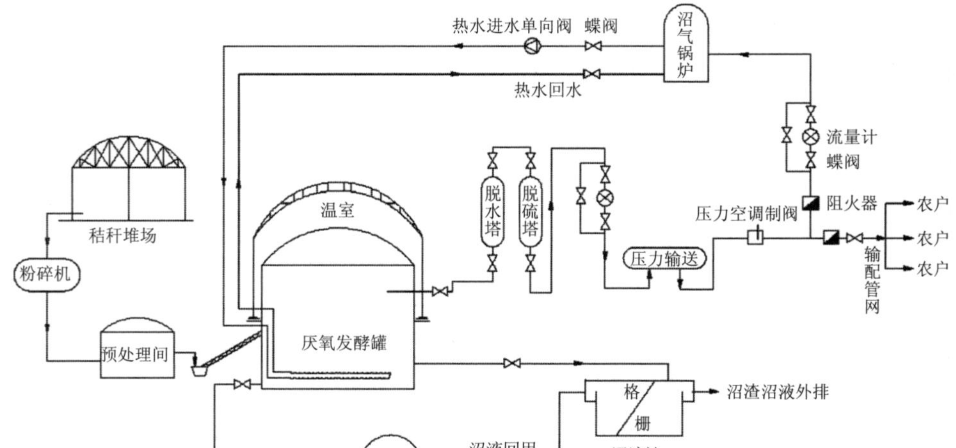

图 4-3　全混合“自载体生物膜”发酵工艺流程

2）BRV 干法厌氧消化工艺。BRV 干法厌氧消化工艺属于欧洲主流干法厌氧消化工艺之一，最早由瑞士一家环保公司研制开发，并于 1994 年在瑞士 Baar 成功建设了第一个利用该工艺的有机垃圾处理厂，年处理有机垃圾 18 000 t。该工艺具有很好的生态环保性，其先进的工艺技术具有较大的市场潜力，符合欧洲对有机垃圾处理日益严格的环保标准。

BRV 干法厌氧消化工艺采用卧式反应器平推流技术，其特点和优势在于：预处理工艺要求低；物料适应能力强，可处理含固率在 25%～40%的垃圾；提供充分的厌氧发酵环境，使物料充分降解，产沼气效率高；密闭空间，防止臭气扩散至周边环境。

BRV 干法厌氧消化工艺流程见图 4-4，在该工艺的干法消化过程中，有机废弃物经过分拣破碎等预处理后，与部分已经消化的物料混合，通过进料系统送入消化反应器内。消化物料的含固率在 20%～35%，消化反应器内的物料可通过气体搅拌或机械搅拌等方式进行搅拌，物料经过 25～30 d 的厌氧消化后，由出料系统排出罐体，送入脱水系统进行脱水。在消化期间大约有 60%的有机物被转化为生物气体，可进行能源利用。

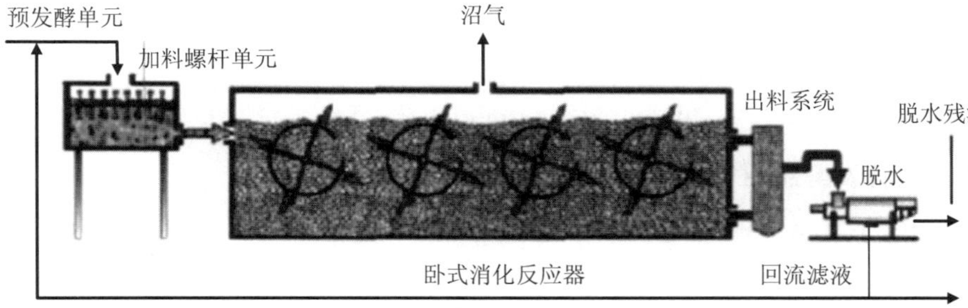

图 4-4 BRV 干法厌氧消化工艺流程

采用 BRV 干法厌氧消化工艺处理秸秆的工艺优势为：①秸秆含水率一般在 85%左右，传统的秸秆发酵技术都是采用湿发酵技术，即将秸秆与人畜粪便、工业废水等有机物混合，在厌氧菌作用下产生沼气。与传统秸秆发酵技术相比，秸秆 BRV 干发酵产沼气技术不需要大量的水。②BRV 干发酵装置采用卧式结构，中间加平推流搅拌器，可以避免秸秆在发酵过程中易产生结壳和漂浮物等难题，可以实现秸秆发酵装置长期稳定的运转。③自身耗能低，冬季仅耗用自身产生能量的 10%～15%；而湿法要耗用 30%左右的能量，在北方寒冷地区冬季甚至会达到 45%。④后处理容易。由于用水量少，几乎没有污水排放，所以污水处理要比传统发酵更容易，而且剩余物中只有沼渣，不用进行脱水就可以作为有机肥利用。另外，干发酵产生的沼气含硫量也低于传统发酵，因此不用对混合气体脱硫，就可以直接利用。⑤处理费用低。与湿发酵技术相比，几乎没有污水排放，污水处理费用低；发酵剩余物无湿法发酵的沼液，所以不用脱水处理，存储和后处理费用低。⑥从秸秆厌氧干发酵产生沼气技术的优点看，发酵工艺初期投资、运营成本和环境成本都远远低于湿发酵技术，节省占地面积，很适合投入建设年处理可发酵农作物秸秆 1 万 t 以上、年产沼气 100 万 m^3 以上的大型沼气工程。

3）秸秆一体化两相厌氧消化工艺（CTP）。秸秆一体化两相厌氧消化工艺由农业部规划设计研究院研发。

①在禾本科农作物收获季节，以较低的价格大量购入能够满足沼气站一个收获周期所需的新鲜作物秸秆，经过粉碎机粉碎后直接青储，在堆放的过程中进行预发酵酸化处理。这样不仅保障了秸秆的充足供应，而且价格可控，保障了沼气工程长期运行的可行性。

②将酸化后的农作物秸秆送入物料搅拌池进行接种，通过仓式变压输送设备，将物料输送至厌氧发酵罐，将物料进行产酸，产生甲烷气体，经过脱硫、脱水处理，压缩进入储气罐，通过输配管网减压输送至农户处使用。

③通过太阳能集热管和燃气辅助加热设备给厌氧罐增温。

④自动化控制：对厌氧罐的温度、压力灯全程自动化监控。

⑤通过排料阀将沼渣排出，作为有机农业肥料。

3．秸秆发酵制沼气工程实例

（1）山东省德州市秸秆沼气集中供气示范工程

该项目位于山东省德州市德城区黄河涯镇前仓村，于 2008 年 7 月开始建设，2009 年年初建成投产。总容积 720 m^3，年产沼气约 11 万 m^3，可为 305 户村民提供清洁生活用能。采用全混合“自载体生物膜”发酵技术和带温室增温的半地下卧式反应器，序批式进料，利用地温、温室和沼气多能互补的加热保温方式，可实现全年稳定产气和供气（图 4-5）。

图 4-5　山东省德州市秸秆沼气集中供气示范工程

1）技术特点

①预处理技术

秸秆中的木质素含量较高，不容易被厌氧菌消化，导致秸秆产气率低。这是不能用纯秸秆规模化生产沼气的主要原因。该套技术发明了一种秸秆专用预处理剂，可以有效破坏秸秆中的木质素和纤维素、半纤维素之间的联系，部分破坏纤维素和半纤维素的化学结构，有效提高秸秆的生物降解性能，并使更多的碳水化合物从木质素的包裹中释放出来，可使秸秆的产气率提高 50%～120%。该技术已获国家发明专利授权。

②全混合“自载体生物膜”发酵技术

利用搓揉后的秸秆呈固态丝状，以其自身为依附生存的“载体”，厌氧消化菌附着在其表面上生长形成“生物膜”，同时对秸秆进行消化利用。秸秆既是微生物依附生存的“载体”，也是微生物生命活动的“食料”。这种双重功能使得微生物与物料能够充分接触，提高了微生物与物料之间的传质效果和厌氧消化效率。

③加热保温技术

采用太阳能温室、地温和沼气加热相结合的多能互补方式，对发酵池进行加热和保温。首先，发酵池是半地下式布置方式，可以利用部分地温。其次，发酵池放置在温室内，可以吸收和利用部分太阳能对物料进行加温；在冬季温度低时，再补充使用部分沼气，通过沼气锅炉加热热水，热水循环到发酵池内对发酵料进行加热。在阳光充足的地区，可无须额外增加热量。在夏季实现高温发酵，在春、秋实现中温发酵；在冬季仍需加热，但加热能耗大大减少。

④沼液回用技术

该技术解决了沼液回流比和回流沼液中氨氮、碱度和 pH 值等导致的对厌氧发酵抑制等问题，通过科学调配，实现 70%以上沼液的回用。回用沼液作为秸秆原料的调节用水，既减少了用水量，又可有效解决沼液利用困难而外排量又可能导致二次污染等问题。

2）投资、运行成本及经济效益

沼气工程投资成本包括站内投资和站外投资。站内投资包括土建、太阳能温室、厌氧发酵罐及附属配件、配套设备等。站外投资包括供气管网及土方、灶具等。

项目总投资 280 万元，其中农业部支持 60 万元，山东省德城区政府支持 220 万元。其中：沼气站内总投资 165 万元，沼气站外投资 115 万元。

①土建工程（包括办公用房、围墙、道路、预处理池和沼渣沼液暂存池等附属构筑物）：33 万元。

②太阳能温室：20 万元。

③厌氧发酵罐：51 万元。

④配套和附属设备：61 万元。

⑤供气管网及土方：83 万元。

⑥灶具等：12 万元。

⑦其他费用（设计和调试）：20 万元。

运行成本及效益见表 4-3。

表 4-3　德州市秸秆沼气集中供气示范工程运行成本及效益

名称		数量	单位	单价/元	合计/元
年运行成本	秸秆	365	t	200	73 000
	预处理剂	6.57	t	2 800	18 396
	营养补充剂	3.38	t	1 800	6 084
	脱硫剂	1	t	1 800	1 800
	电费	16 608	kW·h	0.5	8 304
	水费	5 615.385	t	2.5	14 038.5
	人工费	3	个	9 600	28 800
	维修费				10 000
	小计				160 422.5
年收入	沼气	109 500	m^3	1.5	164 250
	沼肥	4 563.25	t	50	228 162.5
	小计				392 412.5
年收益	231 990				

（2）天津静海区秸秆沼气工程

天津四党口秸秆沼气工程，2008 年年底启动，正常运行至今。该沼气工程占地 0.27 hm^2，建有青贮池 1 500 m^3，厌氧消化器 1 200 m^3，高压贮气柜 100 m^3。满负荷运行时可日处理青贮玉米秸秆 6 t（合干秸秆 3 t），日产气量在 1 500 m^3 左右，容积产气率 1.25 m^3/m^3。天津市静海区目前有两处大型秸秆沼气工程：一处位于四党口村，另一处位于南柳木村。工程均采用农业部规划设计研究院研发的秸秆一体化两相厌氧消化工艺（CTP），由天津旭燊燃气设备有限公司具体建设。

1）技术特点

①该技术采用秸秆粉碎后再青贮的方式处理并贮存秸秆，要求在农作物收获季节大量收购秸秆，保证了原料的稳定廉价供应。粉碎的秸秆通过压实，内部形成厌氧状态，自行发酵产酸。

②秸秆一体化两相厌氧消化工艺是在中温条件下，采用一体化设备，在同一消化器中实现“固相滤池产酸和液相全混产甲烷”的两相反应区，通过两相分离，可分别调控产酸相和产甲烷相反应器的运行控制参数，形成产酸菌和产甲烷菌的最佳生态条件，从而大幅度提高有机物的处理能力和反应器的稳定性。

③该技术以秸秆为主要发酵原料，产酸相反应器采用立式或车库式结构，发酵过程中定期加少量污水，顶部设置喷淋设备，底部设置渗滤液收集设施；产生的沼液回流以调节原料含水率，通过沼液循环实现物料的多次接种，并利用进料系统完成连续进料，从而将青贮秸秆连续稳定地转化为沼气；基本不产生沼液，产生的沼渣不需脱水即可做肥料使用，有效解决了大量消化产物如何有效处理的难题。

2）运行成本与经济效益

①运行成本。为与产品价格相适应，项目的原材料、辅助材料及燃料动力价格均以近几年静海区已实现的价格为基础，并参照近几年的变动趋势来进行预测。项目满负荷运转后该项目总成本为 44.49 万元。项目原料成本每天需要干秸秆 3 t，按 100 元/t 计算，则每年原料成本约为 10.8 万元。项目用电成本：主要为粉碎秸秆能耗，11 kW 粉碎机每天 0.15 h 能耗；2.2 kW 进料搅拌机每天 3 h 能耗；5.5 kW 进料系统每天 3 h 能耗；4.2 kW 沼气压缩机 6.25 h 能耗，每小时压缩量为 240 m^3/h。每天能耗为 51 kW·h，电价按照 0.5 元/kW·h 计算，年电耗成本为 0.93 万元。固定资产折旧按直线法平均计算，计算时先扣除残值（取原值的 10%）。建筑物按 20 年进行折旧，设备按 15 年进行折旧，则该工程每年折旧费用约 24.25 万元。所有固定资产的大、中、小修理费，按固定资产原值的 1%计算，正常年份为 4.0 万元。

②经济效益。项目产品价格是以天津静海区 2008 年的市场价为依据，参照近几年市场价格的变动趋势进行预测的，所有价格都是以项目预期建设期末价格来进行计算的。项目年产沼气 54.75 万 m^3，沼肥 7 000 t，沼气按照 1.2 元/m^3 计算，沼肥按照 50 元/t 计算。项目正常生产、满负荷运行的年销售收入估计为 100.7 万元。年均总成本 44.49 万元，利润 56.21 万元。项目静态回收期为 8 年。在含固定资产折旧的前提下，每立方米沼气的成本为 0.81 元，其中固定资产折旧成本 0.44 元，运行成本为 0.37 元。

（二）秸秆气化集中供气技术

1. 秸秆气化技术的原理

本书将结合生物质下吸式炉的气化过程说明秸秆气化的基本原理。

生物质从气化装置的顶部加入，依靠自身的重力逐渐由上部下落到底部，气化后形成的灰渣从底部清除。空气从气化装置的中部（氧化区）加入，可燃气从下部被吸出。依据在气化器中发生的不同热化学反应，可以从上至下依次分为干燥层、热解层、氧化层和还原层四个区域。

干燥层：生物质进入气化器顶部，被加热至 200～300℃，原料中的水分首先蒸发，产物为干原料和水蒸气。

热解层（干馏层）：生物质干原料向下移动进入热解层，挥发分将会从生物质中大量的析出，在 500～600℃时，基本上完成，只剩下残余的木炭。热解反应析出的挥发分主要包括水蒸气、氢气、一氧化碳、二氧化碳、甲烷、焦油和其他碳氢化合物。

氧化层：热解的剩余物木炭与被引入的空气发生剧烈反应，同时释放出大量的热，以支持其他区域的反应进行。氧化层的反应速度较快，高度较低，氧化层温度可以达到 1 000～2 000℃，挥发分参与燃烧后进一步降解。主要化学反应为：

$$C+O_2 = CO_2$$
$$2C+O_2 = 2CO$$
$$2CO+O_2 = 2CO_2$$
$$2H_2+O_2 = 2H_2O$$

还原层：在还原层中没有氧气存在，氧化层中的燃烧产物及水蒸气与还原层中的木炭发生还原反应，生成了氢气和一氧化碳等。这些气体和挥发分等形成了可燃气体，完成了固体生物质向气体燃料转化的过程。因为还原反应为吸热反应，温度相应地降低到 700～900℃，所需的热量由氧化层提供，反应速率较慢，因此还原层的高度超过氧化层。主要化学反应为：

$$C+H_2O = CO+H_2$$
$$C+CO_2 = 2CO$$
$$C+2H_2 = CH_4$$

在上述反应过程中，只有氧化反应是放热反应，释放的热量提供生物质干燥、热解和还原阶段。生物质气化的主要反应发生在氧化层和还原层，所以称氧化层和还原层为气化区。在实际操作过程中，上述四个区域没有明确边界，相互渗透和交错。

2．气化过程的指标

（1）气体产率：单位质量生物质气化所得的燃气体积，单位为 m^3/kg。

（2）气体强度：气化炉中单位横截面积每小时气化生物质的质量[kg/（m^2·h）]

或气化炉中单位容积每小时气化的生物质质量[kg/（m^3·h）]。

（3）气化效率：又称冷气体热效率，指单位质量生物质气化所得到的燃气在完全燃烧时释放的热量与气化使用的生物质发热量之比，是衡量气化过程的重要指标。

（4）热效率：气化效率表示所有直接加入到气化过程中的热量的利用程度。实际上，还应考虑气化过程中气化剂所带入的热量。当气化过程中焦油被利用时，焦油也应作为可利用的热量。热效率为生成物的总能量与总消耗能量之比。

（5）燃气热值：燃气的热值可用气体燃料量热计测定。由于气体燃料是由若干可燃和不可燃气体混合而成的，这些可燃气体发热量 $Q_{DW,i}$ 已由试验精确测定（表 4-4），因此如果已知气体燃料的体积成分 r_i，则可用以下公式对热值进行计算：

$$Q_{DW} = \sum r_i Q_{DW,i}$$

表 4-4　各种气体的低位发热量（25℃）

气体名称	低位发热量/		气体名称	低位发热量/	
	（kJ/kg）	（kJ/m^3）		（kJ/kg）	（kJ/m^3）
氢气	120 036	10 743	丙烷	46 886	91 029
一氧化碳	10 111	12 636	乙烯	47 194	59 469
甲烷	50 049	35 709	丙烯	45 812	86 407
乙烷	47 520	63 581	乙炔	—	56 451

3．秸秆气化设备

气化炉是气化系统中的核心设备，常见的燃料气化炉可分为固定床和流化床两大类。固定床气化炉是将切碎的燃料原料由炉子的顶部加料口投入固定床气化炉中，物料在炉内基本上是按层次进行气化反应。反应产生的气体在炉内的流动靠风机来实现。固定床气化炉的炉内反应速度慢，原料在气化炉内形成床层向下运动，其速度与气化剂运动的速度相比很小。流化床气化炉是指原料在气化炉中在气化剂的作用下呈沸腾状态，原料与气化剂充分接触，因而气化效率高，物料适用广泛，可连续运行。

（1）固定床气化炉

按炉内气体的流动方向，固定床气化炉可分为下吸式、上吸式、横吸式及开心式几种类型。

①下吸式固定床气化炉：原料由上部加入，依靠重力逐渐下移，灰渣由底部排出。空气等气化剂在气化炉中部的氧化层加入，燃气由还原层下部吸出。其工作原理：原料在气化炉最上层被干燥，随着温度的升高，开始发生热解反应，并析出大量挥发物质。此时随空气等气化剂的加入，物料剧烈燃烧，并进一步裂解。燃烧产物与下方的炭层进行还原反应，生成可燃气体。图 4-6 为下吸式气化炉气化示意图。

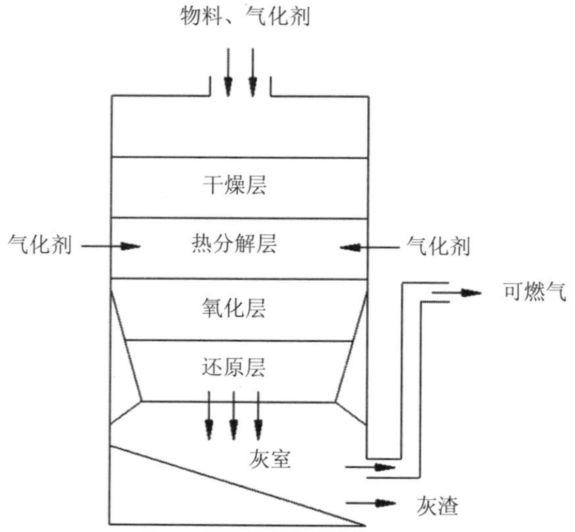

图 4-6 下吸式气化炉气化示意图

其优点是：结构比较简单，工作稳定性好，可随时开盖添料，气体经焦油高温喉管区时，一部分被裂解为小分子永久性气体，因此燃气焦油含量较低。其缺点是抽出气化气时要耗费较大的功率，燃气中灰分多，出炉燃气的温度较高，需要冷却。

②上吸式固定床气化炉：原料由上部加入，依靠重力逐渐下移，灰渣由底部排出。空气等气化剂在气化炉底部的氧化区加入，燃气由气化炉顶端吸出。进入气化炉的空气等气化剂先与木炭发生氧化反应，反应温度迅速升高到 1 000℃以上，然后通过还原层生成含一氧化碳和氢等的可燃气体后，进入热解层，与热解层析出的挥发分混合成为粗燃气。图 4-7 为上吸式气化炉气化示意图。

其优点是：向下流动的原料被向上流动的热气体烘干、裂解，从而大大提高了炉具的热效率，并且热分解层和干燥层对气化气还有一定的过滤作用。其缺点是：添料不方便；气化气中含焦油较多。

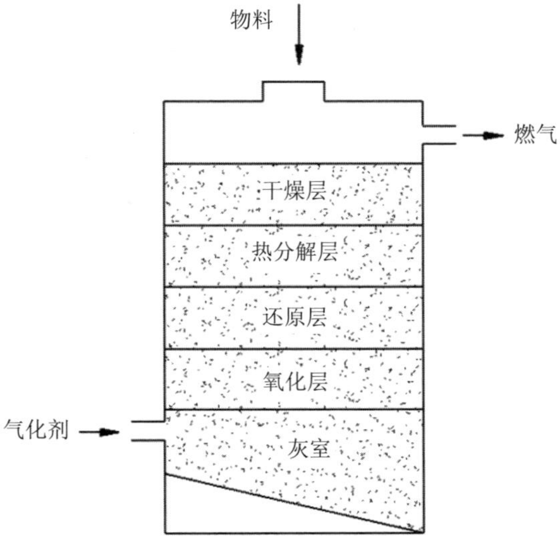

图 4-7 上吸式气化炉气化示意图

③横吸式固定床气化炉：原料由上部加入，依靠重力逐渐下移，灰渣由底部排出。空气等气化剂由侧向供给，产出气体由侧向流出。气体流横向通过燃烧气化区。图 4-8 是横吸式气化炉气化示意图。

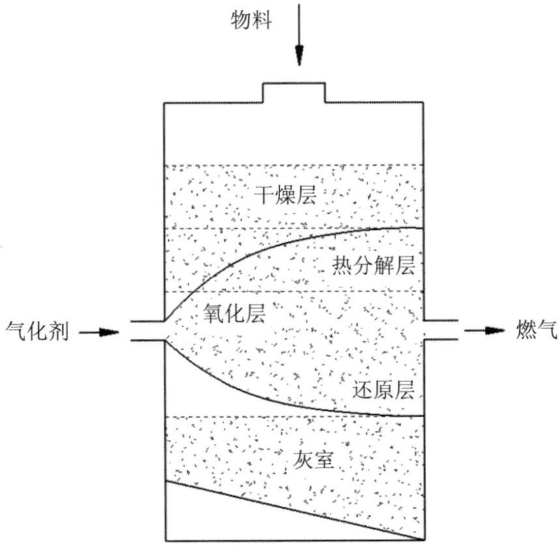

图 4-8 横吸式气化炉气化示意图

其特点是：气化剂在炉内停留时间短，出炉燃气含有诸如气化剂等杂质，焦油灰分含量大。炉体中心温度高，容易造成结块，它主要用于木炭气化。

④开心式固定床气化炉：由我国研制并应用，其类似于下吸式固定床气化炉，原料由上部加入，依靠重力逐渐下移，灰渣由底部排出。空气等气化剂在气化炉顶部、侧壁通入，燃气由气化炉底端吸出。其特点是：没有缩口，喉管区由中间向上凸起的转动炉栅所代替，避免了灰分对炉栅的堵塞。燃气中焦油含量低，灰分含量大。这种炉主要适用于谷壳气化。

（2）流化床气化炉

该气化炉用于气化具有一定粒度的固体燃料，当气化剂以一定流度吹入后，燃料颗粒之间的微细颗粒会产生分离现象，全部微细颗粒被吹起悬浮于气流之中而不被吹出，物料颗粒和气化剂充分接触，在炉内呈沸腾燃烧状态。

流化床气化反应速度快，气化强度和气化效率高，适用于大型气化系统。炉内反应均匀一致，反应温度为 700～850℃，不能保证焦油的裂解温度，故产出气中焦油含量较高，净化设备投资较多。流化床气化炉分为鼓泡床气化炉（图 4-9）、循环流化床气化炉和双床气化炉和携带床气化炉。

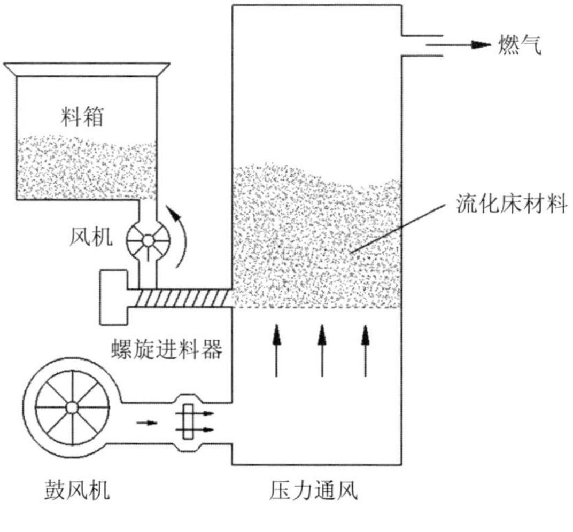

图 4-9　鼓泡床气化炉气化示意图

①鼓泡床气化炉：最基本、最简单的气化炉，只有一个反应器，气化后生成的可燃气直接进入净化系统中。鼓泡床气化炉流化速度较低，适用于颗粒度较大的物料气化。

②循环流化床气化炉：其流化速度较高，由于产生的可燃气体中携带大量固

体颗粒，经分离器分离后再返回流化床，重新进行气化反应，由此提高了碳的转化效率，适用于颗粒度较小物料的气化。

③双床气化炉：分为两个组成部分，分别为第一级反应器和第二级反应器。生物质在第一级反应器发生裂解反应，生产的可燃气送至净化系统，生成的碳颗粒送至第二级反应器。第二级反应器中进行氧化反应，为第一级反应器提供已经加热的床料。双床气化炉的碳转化率也很高，其运行方式与循环流化床类似，不同的是第一级反应器的流化介质是被第二级反应器所加热。

④携带床气化炉：携带床气化炉是流化床气化炉的一种特例，它不使用惰性材料作为流化介质，由气化剂直接吹动生物质，属于气体输送。该气化炉要求原料破碎成细小颗粒，其运行温度可高达 1 100～1 300℃，产出气体中焦油成分及冷凝物含量很低，碳转化率可达 100%。但由于运行温度高而容易烧结，故选材较为困难。

表 4-5 为几种不同形式流化床气化炉的特性对比。

表 4-5　几种不同形式流化床气化炉的特性对比

特性	上吸式固定床	下吸式固定床	鼓泡流化床	循环流化床
原料适应性	适用不同形状、尺寸的原料，含水率 15%～45%	大块原料不经预处理可直接使用	原料尺寸要求较为严格，小于 10 mm	适应不同种类的原料，要求细颗粒
燃气特性	焦油含量高，需要复杂净化处理	焦油经高温区裂解，含量少	焦油含量较少，燃气成分稳定	焦油含量少，产气量大，气体热值高
设备特点	结构简单	结构简单	气流速度受到限制	单位容积的生产能力最大

4. 农村生物质气化集中供气工艺系统介绍

生物质气化集中供气站主要由原料预处理系统、气化产气系统、存储系统、外管网供气系统和用户供气系统 5 个子系统组成。在整个系统中的每个环节都不允许出现各种缺陷和问题，否则将影响整个系统的正常运转，造成生物质气化集中供气系统的瘫痪。

（1）原料预处理系统

原料预处理系统就是根据选定的生物质气化机组的要求，对指定原料进行预处理。它一般设置在气化站内，主要配置有晾晒棚、干燥机、铡草机、电锯等设备。在生物质气化站建设酝酿期，应提前做好对当地生物质原料的分布、种类和产量的调查工作，根据调查结果确定当地资源丰富、价格低廉的生物质原料。原料预处理系统的作用是保证原料颗粒的性状（尺寸大小和湿度）能满足生物质气化机组的要求。

（2）气化产气系统

这部分系统的设备全部设置在气化站机房内，是整个生物质气化集中供气系统中的核心部分。由于气化气品质的高低主要取决于生物质气化产气设备所包含的技术优良与否，因此生物质气化产气设备是整个生物质气化集中供气系统中最能体现技术先进性的部分。根据生物质气化产气设备运行寿命的长短、运行操作的难易程度、运行成本的高低、人员配置的多少、产出气体热值的高低、焦油和灰分含量的多少等指标，可判断出该设备的性能是否优良。在具体建设当中一定要选好适应当地生物质原料资源、操作简单、能产出较高品质气化气、使用寿命较长的气化设备。气化产气系统的组成设备主要有气化炉、净化器、鼓风机、防爆水封器等。目前在农村大量采用的气化炉主要是上吸式固定床气化炉和下吸式固定床气化炉。上吸式固定床气化炉产出气体的热值较高，一般在 5 000 kJ 左右，但焦油含量多；下吸式固定床气化炉产出气体的热值较低，一般在 4 600 kJ 以下，但焦油含量少。净化器主要包括除尘器、喷淋器、除湿器、过滤器等，其主要作用是去除气化气中的焦油和颗粒杂质。

鼓风机是整个气化产气过程中的动力来源，它的作用是及时送出经过净化处理的洁净燃气，同时吸入适量的气化剂（空气），保证整个气化产气过程的连续进行。防爆水封是为了防止燃气输送过程当中带入火星造成燃气爆燃现象而设置的安全装置，是保证和提高生产安全性的重要措施，任何形式的气化装置都必须配有防爆安全装置。

（3）存储系统

燃气存储系统的作用是足量、安全地保存气化产气设备生产出来的可燃气体，同时用一定的压力送出可燃气体。存储系统主要包括储气柜、进出气口防爆器、避雷针、进出气总阀门等。储气柜分为湿式气柜和干式气柜两种。湿式气柜投资成本高、寿命长、维护成本低；干式气柜投资成本低、寿命短、维护成本高。根据燃气用户数量选好储气柜的型号之后，要按照《城镇燃气设计规范》（GB 50028—2006）的要求确定储气柜和机房的相对位置，同时进行气化站的选址。进行气化站选址的时候，要根据储气柜的工作压力确定供气范围，在保证消防规程要求的情况下，尽可能地减少供气半径，这样可以减少气化站建设的总投资成本。

（4）外管网供气系统

可燃气必须通过专用管线安全、足量地输送到每个用户才能实现建设生物质气化站的目标。外管网系统主要由主管网和支管网及分布在各个管路当中的凝水缸和阀门组成，其中主管网直接连接到储气柜，将可燃气体源源不断地输送到支管网里，各个支管网分别负责给几个用气单元输送可燃气体。这些管网不能影响当地的交通和将来的发展规划，所以必须设计合理，施工得当。在设计外管网系统时，应根据供气用户数量确定主管路和支管路的管径。敷设的管道必须满足燃气管道的坡度要求和打压检漏试验要求，以此保证外管网的畅通和不泄漏。

（5）用户供气系统

该系统设在各个燃气用户的厨房内，包括进气总阀门、进户管路、计量表、燃气灶具等。进户管路的敷设和安装必须符合燃气工程的设计要求，不得盲目施工和安装，其中燃气灶具必须是生物质燃气专用灶具。在正式供气之前必须进行检漏处理，以保证燃气用户安全使用生物质气化气。在整个生物质气化集中供气站工程竣工之后，要对每个子系统进行仔细地验收，以保证整个系统的正常运转和整个工程建设的成功。

5．秸秆气化集中供气技术工程实例

（1）河南省新乡市获嘉县中和镇东小吴村气化站

河南省新乡市获嘉县中和镇东小吴村建设 1 座中热值秸秆气（炭）化站，购置和建设的设备有：原料处理机 1 台，中热值气（炭）化机组 1 台，建设 400 m^3 的储气柜 1 座，埋设气管约 1 000 m，260 多户室内专用炉具和气表。

固定资本投入（设备购置和建设费用+土建费用，暂未考虑土地使用成本）为 135 万元。如果按 10 年折旧期计算，年固定成本为 13.5 万元。年流动成本=年短期运行费用（工人工资+电费+原料费用+设备维修费用）为 11.67 万元，其中，工人工资 5.32 万元，电费 5 万元，原料费用 1 万元（秸秆免费，全部为购买碎木费用），设备维修费用 0.35 万元。

该秸秆气化站年产气 40 万 m^3，目前免费供本村农户使用，气化站收入全部来自秸秆炭的出售。目前产秸秆炭 280 t，按秸秆炭平均价格 1 200 元/t 计算，全年收入为 33.6 万元。即使不考虑燃气收费（事实上也没收），气化站也可以维持长期商业化经营。

（2）辽宁省大连市郊龙塘村秸秆气化站

辽宁省大连市郊龙塘村采用大连市环境科学设计研究院开发的秸秆气化供气系统，供气规模为 200 农户及两个饭店。根据设计规范，每户日设计供气量为 1.5 m^3，日对外供气量为 400 m^3。秸秆气化站建设总投资 49.4 万元，其中气化设备及安装费 27.4 万元，包括备料系统、制气系统、净化系统、副产品加工系统、气化站所需电器和仪表的费用及安装费；燃气输配系统及安装费用 6.6 万元，包括储气柜、燃气户外输气管网及建设费用；用户燃气系统及安装费用 5 万元，包括户用燃气表、室内管道费用及安装费用；气化站土建费用 3 万元，主要指生产车间的建设费用，不包括征地费用及绿化费用等；其他费用 7.4 万元，包括秸秆气化站工厂的设计费用及各种不可预见费用。

秸秆气化站的年生产成本大致包括原料费用、人工费用、辅助燃料费用、用电费用、用碱费用、日常维修费用、流动投资利息、税金、企业日常管理费用、运输费用、销售费用和一些不可预见的消耗费用共 12 项，总成本为 21.04 万元。

采用大连市环境科学设计研究院的秸秆气化系统，主要产品有可燃气、木质炭和木焦油。该秸秆气化站年产燃气 21 万 m^3，其中向外售出 15 万 m^3，生产自用 6 万 m^3。年产木质炭 210 t，其中出售 160 t，生产自用 50 t。年产木焦油 40 t，全部出售。木质炭的价格目前各地差别较大，按其平均价格 1 200 元/t 计算，全年收入 19.2 万元。该系统中的木焦油优于其他气化工艺的焦油，是一种贵重的化工原料，达到一定规模后，出口潜力较大。按其平均价格 1 500 元/t 计算，全年收入 6 万元。

按照成本－效益法计算，若副产品（木质炭和木焦油）不能销出，则燃气成本为：21/15=1.4 元/m^3，若副产品全部销出，则燃气成本为零，即燃气即使免费供应，该气化站也可实现盈余。据在辽宁省大连市的调查，因该系统所产燃气的热值高，属优质煤气；而在一般生活较富裕的农村地区，居民对燃气的可接受价格为 0.6 元/m^3，若按此价格，燃气的全年收入 9 万元。所以该气化站的年纯利润可达到：（19.2+6+9）–21.04=13.16 万元。气化站可以维持长期商业化经营。

（三）农作物秸秆还田技术

1. 农作物秸秆还田原理

秸秆分解是在微生物活动之下，粗有机物分解成为小分子有机物或无机物的过程。秸秆的基本成分是纤维素、半纤维素和木质素。由于各个部分在结构上的差异，参与其分解的微生物在分解的各阶段有所不同。首先是在喜糖霉菌（例如白霉菌）和无芽孢细菌为主的微生物作用下，先分解水溶性物质和淀粉等，然后过渡到以芽孢细菌和纤维菌占优势，主要分解蛋白质、果胶类物质和纤维素等；后期以放线菌和某些真菌为主，主要分解木质素、单宁和蜡质等。

秸秆分解是一个以微生物活动为主的过程，要堆制出优质的有机肥料，必须控制与调节秸秆分解过程中微生物活动所需要的条件，重点掌握好以下几个因素。

（1）水分。水分在秸秆分解过程中起到多方面作用。首先是微生物生存的必要前提；其次，秸秆吸水软化后，有机质易于被分解；最后，通过水来调节秸秆堆肥中的通气情况。秸秆堆肥中适宜的水分含量应为堆肥原料湿重的 60%～75%。

（2）通气。通气状况直接影响秸秆分解过程中微生物的活动，秸秆分解前期，主要是以好气性微生物的矿质化过程为主，通气状况要好；后期以嫌气性生物合成腐殖质为主，通气量可减少，以利于合成腐殖质和保存养分。

（3）温度。秸秆分解合适的温度为25～65℃，通常采用接种高温纤维分解菌以利于升温，控制秸秆堆的大小以利保温，控制水分和通气状况来调节温度。

（4）碳氮比。碳氮比是指有机质本身含有碳元素和氮元素的比例。堆肥材料适宜的碳氮比能加速堆肥腐熟，提高腐殖化。一般微生物分解有机质的适宜碳氮比是 25∶1，而作物秸秆的碳氮比较大，为（60～85）∶1。碳氮比过大，不利于微生物活动，使腐熟过程缓慢，降低腐殖化，有机质损失过多。因此在堆肥时适当加入人粪尿、牲畜粪尿等含氮多的物质，调节碳氮比，使碳氮比降到（30～40）∶1，将有利于微生物活动，促进堆肥有机质的分解，缩短堆捂肥的腐熟时间。

（5）酸碱度。中性或微碱是微生物活动的适宜条件，秸秆分解过程中会产生大量的有机酸，这不利于微生物活动，因此可加入少量石灰或草木灰调节秸秆堆肥的酸度。

用于分解秸秆的微生物菌种大致可分为好气性细菌与嫌气性细菌两大类。所谓好气性细菌，就是在空气（氧气）多的条件下繁殖的细菌，好气发酵速度快，许多微生物发酵菌种都以好气性细菌为主体。所谓嫌气性细菌，是在空气（氧气）少的条件下繁殖的，如乳酸杆菌、大肠杆菌（替换可夫拉）等，就是以嫌气性细菌为主体的发酵菌种。

2. 秸秆还田方法

利用多种形式的秸秆还田，可提高土壤有机质含量，改良土壤质地，增强保水保肥能力，是保持土壤养分平衡、实现可持续农业的重要战略措施。秸秆还田的常用方法如下。

（1）秸秆粉碎、氨化、青贮、微贮后过腹还田

秸秆经粉碎、发酵或者氨化、糖化、碱化及青贮、微贮等各种科学方法处理后可作为生猪、鸡、兔、鸭等家畜禽的饲料原料之一。通过过腹还田，不但可以缓解发展畜牧业与饲料短缺的矛盾，而且可以增加有机肥源，培肥地力。

（2）牲畜垫圈还田

秸秆收获后用于牲畜垫圈，等其基本腐熟后再返还田土中。

（3）其他还田形式

包括稻草覆盖还田、麦秆覆盖还田、玉米秆覆盖还田等几种形式。这样不但可以改善土壤结构、增加土壤有机质和土壤养分含量，减少水分的蒸发和养分的流失，增强抗旱能力，而且可以节约化肥投资，节省稻草运力，是促进增产增收

的好举措。如稻田宽行铺草还田不仅可增加土壤的有机肥、革压杂草减少田间水分蒸发，而且由于行距较宽，还有利于通风、透光、减少病虫害，以发挥优势争取高产。

（4）秸秆综合利用还田

麦秆、稻秆是发展平菇、草菇、蘑菇等食用菌的重要材料，利用麦渣发展食用菌后的菌渣又可加工成鱼饲料，促进渔业的发展，达到多层次综合利用。

（5）秸秆快速堆沤还田及速腐技术

秸秆快速堆沤还田不受时间的限制，经腐熟所形成的养分及对地力的影响是其他形式所不能比拟的，可提供大量蔬菜、棉花和春播作物所需的有机肥。秸秆速腐技术是采用堆集发酵和菌种腐化等方法将多余的秸秆快速沤化腐熟还田。速腐技术缩短了腐熟时间，提高了肥效，具有普遍的实用价值。

（6）超高茬“麦套稻”技术实现秸秆还田

超高茬“麦套稻”技术即在麦子灌浆中后期将处理过的稻种套播在田间，与麦子形成一定的共生期，收麦时留高茬 30 cm 以上自然竖立田间，稻田上水后任其自然覆盖还田，促进水稻生长。这种新的稻种技术摒弃了传统水稻中耕田与育栽移栽这一繁杂的生产作业程序，有利于高产稳产，土地越种越肥。该项技术近年来在江苏、山东、四川等地农村投入运行并获得成功。

3．秸秆还田模式

我国东北、华北、西北、西南、华南和长江中下游六大农区秸秆还田的主要模式如下：

（1）东北农区的秸秆还田模式

东北农区主要包括辽宁、吉林、黑龙江及内蒙古部分地区，纬度较高。种植制度多为一年一熟制，主要作物是小麦、玉米、大豆和水稻，该区秸秆还田模式主要有：

①玉米、小麦、大豆秸秆粉碎翻压还田；

②秸秆堆沤还田；

③水稻留高茬还田。

（2）华北农区的秸秆还田模式

华北农区主要包括北京、天津、河北、河南、山东、山西及内蒙古，范围较大。大部分地区都是小麦、玉米一年两熟制，只有北部的山西、内蒙古、河北的部分地区为一年一熟制，大多种植一季玉米或小麦。该区秸秆还田模式主要有：

①小麦留高茬免耕覆盖还田；

②麦秸覆盖还田；

③玉米秸秆粉碎翻压还田；

④玉米秸秆整株翻压还田；

⑤玉米秸秆覆盖还田，其中包括半耕整秆半覆盖、全耕整秆半覆盖、免耕整秆半覆盖。

（3）西北农区的秸秆还田模式

西北农区包括陕西、甘肃、青海、宁夏、新疆等地，属低温、干旱、少雨地区，主要作物为小麦、玉米、棉花，种植制度多为一年一熟制。该区秸秆还田模式主要有：

①水稻、小麦留高茬还田；

②棉秆翻压粉碎还田。

（4）长江中下游农区的秸秆还田模式

长江中下游农区主要包括湖北、湖南、江西、江苏、安徽、浙江等省。气候温暖湿润，主要作物有水稻、小麦、玉米、棉花、油菜。种植制度多为一年两熟制，如小麦—水稻、小麦—棉花、小麦—玉米。部分地区有一年三熟制，如稻-稻-油（菜），还田秸秆主要是稻草、麦秸、玉米秸和油菜秸，该区秸秆还田模式主要有：

①秸秆覆盖小麦、棉花等作物；

②水田秸秆还田。

（5）西南农区的秸秆还田模式

西南农区主要包括重庆市及四川、云南、贵州三省，本区气候温暖湿润，种植制度多为一年两熟制，少部分地区有一年三熟制。还田作物秸秆主要是麦秸、稻草、玉米秸和油菜秸，在旱坡地上多采用覆盖还田，水田多采用翻压还田。该区秸秆还田模式主要有：

①冬水田稻草还田；

②麦田免耕稻草覆盖还田；

③油菜田免耕稻草覆盖还田。

（6）华南农区的秸秆还田模式

华南农区主要包括海南、广东、广西、福建等省。本区雨量充足，温度较高，水热条件好，全年适宜农作物生长。种植制度为一年两熟，早晚稻连作或一年三熟。

该区秸秆还田模式主要有：

①稻草覆盖甘薯、马铃薯、冬大蒜等旱作物；

②稻草直接翻压还田。

4. 秸秆直接还田技术

秸秆直接还田是近年来推广的技术，采用秸秆还田机作业，机械化程度高，秸秆处理时间短，腐烂时间长，是用机械对秸秆进行简单处理的方法。

（1）机械直接还田

该技术可分为粉碎还田和整秆还田两大类。

采用机械一次作业将田间直立或铺放的秸秆直接粉碎还田，使手工还田多项工序一次完成，生产效率可提高 40～120 倍。秸秆粉碎根茬还田机还能集粉碎与旋耕灭茬于一体，加速秸秆在土壤中腐解，从而被土壤吸收，改善土壤的团粒结构和理化性能，增加土壤肥力，促进农作物持续增产增收。采用秸秆粉碎根茬还田机应当注意的是：耕深要达到 28 cm 以上，大犁铧前要有小犁铧，以便把秸秆埋深埋严；对小麦等玉米后茬作物的底肥应适当增施氮肥，以调节碳氮比，满足土壤微生物分解秸秆所需；搞好土壤处理，灭除秸秆所带病虫。

整秆还田主要是指小麦、水稻和玉米秸秆的整秆还田机械化，可将田间起立的作物秸秆整秆翻埋或平铺为覆盖栽培。机械还田是一项高效低耗、省工、省时的有效措施，易于被农民接受和推广。

自 20 世纪 80 年代中期以来，各地农机部门积极开展机械秸秆还田技术的研究开发、试验和推广，机械化秸秆还田面积逐渐扩大，取得了令人可喜的成就。但是秸秆机械还田存在两个方面的弱点：一是耗能大，成本高，难以推广；二是山区、丘陵地区土块面积小，机械使用受限。

（2）覆盖栽培还田

秸秆覆盖栽培中，秸秆腐解后能够增加土壤有机质含量，补充氮、磷、钾和微量元素含量，使土壤理化性能改善，土壤中物质的生物循环加速。而且秸秆覆盖可使土壤饱和导水率提高，土壤蓄水能力增加，并能够调控土壤供水，提高水分利用率，促进植株地上部分生长。秸秆是热的不良导体，在覆盖情况下，能够形成低温时的“高温效应”和高温时的“低温效应”两种双重效应，调节土壤温度，有效缓解气温激变对作物的伤害。目前，北方玉米、小麦等的各种覆盖栽培方式都已达到一定的技术可行性，在很多地方（如河北、黑龙江、山西等省）已被大面积推广应用。此外，超高茬麦秸还田作为秸秆覆盖栽培还田的一种特殊形式，是在小麦灌浆中后期将处理后的稻种直接撒播到麦田，与小麦形成一定的共生期，麦收时留高茬 30 cm 左右自然还田，不育秧、不栽秧、不耕地、不整地，这是一项引进并结合我国国情研究开发的可持续农业新技术，其水稻产量与常规稻产量持平略增，能够省工节本，增加农民收入，可进一步深入研究。

（3）机械旋耕翻埋还田

如玉米青秆木质化程度低，秆壁脆嫩，易折断。玉米收获后，用手扶拖拉机拖挂旋耕机横竖两遍旋耕，即可切成 20 cm 左右长的秸秆并旋耕入土。茎秆通气组织发达，遇水易软化，腐解速度快，其养分当季就能利用。按每公顷秸秆还田量 30 000 kg 计算，相当于每公顷投入碳铵 345 kg、过磷酸钙 975 kg、氯化钾 150 kg；一般每公顷可增产稻谷 1.2～1.65 t。

在直接还田中，应注意的问题如下。

①秸秆覆盖量一般来说，农作物的秸秆和子粒比是 1∶1，秸秆的覆盖量在薄地、氮肥不足的情况下，秸秆还田离播期又较近时，秸秆用量不宜过多；在肥地、氮肥较多，离播期较远的情况下，可加大用量，一般每亩 300～400 kg。

②配合施用氮、磷肥料。由于秸秆碳氮比较大，微生物在分解秸秆时需要从土壤中吸收一定的氮元素营养，如果土壤氮元素不足，往往会再现与作物争夺氮元素的现象，从而影响作物正常生长，因此应配合施用适量的氮肥。以 100 kg 秸秆配施氮肥 0.6～0.8 kg 为宜，对缺磷土壤应配合施用适量的速效磷肥，同时结合浇水以有利于秸秆的吸水腐解。

③减少病虫害传播。由于未经高温发酵直接还田的秸秆，可能导致病害的蔓延，如小麦白粉病、玉米黑粉病等，因此有病害的秸秆应销毁或经高温腐熟后再施用还田。

5．秸秆间接还田技术

秸秆间接还田（高温堆肥）是一种传统的积肥方式，它是利用夏秋高温季节，采用厌氧发酵堆沤制造肥料。其特点是时间长，受环境影响大，劳动强度高，产出量少，成本低廉。

（1）堆沤腐解还田

堆沤腐解还田是解决我国当前有机肥源短缺的主要途径，也是中低产田改良土壤、培肥地力的一项重要措施。它不同于传统堆制沤肥还田，主要是利用快速堆腐剂产生的大量纤维素酶，在较短的时间内将各种作物秸秆堆制成有机肥，如中国农科院原子能研究所（现为中国农科院农产品加工研究所）研制开发的“301”菌剂，四川省农科院土肥所和合力丰实业发展公司联合开发的高温快速堆肥菌剂等。此外，日本微生物学家岛本觉也研究的生物工程技术——酵素菌技术已被引进，并用于秸秆肥制作，使秸秆直接还田简便易行，具有良好的经济效益、社会效益和生态效益。现阶段的堆沤腐解还田技术大多采用在高温、密闭、嫌气性条件下腐解秸秆，能够减轻田间病、虫、杂草等危害，但在实际操作上给农民带来一定的困难，因而难以推广。

（2）烧灰还田

这种还田方式主要有两种形式：一是作为燃料，这是国内外农户传统的做法；二是在田间直接焚烧。田间直接焚烧不但污染空气，浪费能源，影响飞机升降与公路交通，而且会损失大量有机质和氮元素，保留在灰烬中的磷、钾也易被淋失，因此是一种不可取的方法。当然，田间焚烧可以在一定程度上减轻病虫害，防止过多的有机残体产生有毒物质与嫌气气体或在嫌气条件下造成氮的大量反硝化损失。但总的来说，田间焚烧秸秆弊大于利，在秸秆作为燃料之余，应严厉禁止作物秸秆田间焚烧。

（3）过腹还田

过腹还田是一种效益很高的秸秆利用方式，在我国有悠久历史。秸秆经过青贮、氨化、微贮处理，饲喂畜禽，通过发展畜牧业增值增收，同时实现秸秆过腹还田。实践证明，充分利用秸秆养畜、过腹还田、实行农牧结合，形成节粮型牧业结构，是一种符合我国国情的畜牧业发展道路。秸秆氨化养羊，蔬菜、藤蔓类秸秆直接喂猪，猪粪经发酵后喂鱼或直接还田，均属于秸秆间接还田的利用方式。

（4）沼渣还田

秸秆发酵后产生的沼渣、沼液是优质的有机肥料，其养分丰富，腐殖酸含量高，肥效缓速兼备，是生产无公害农产品、有机食品的良好选择。一口 8～10 m^3 的沼气池年产沼肥 20 m^3，连年沼渣还田的试验表明：土壤容重下降，孔隙度增加，土壤的理化性状得到改善，保水保肥能力增强；同时，土壤中有机质含量提高 0.2%，全氮提高 0.02%，全磷提高 0.03%，平均提高产量 10%～12.8%。

6．秸秆腐熟还田技术

利用生化快速腐熟技术制造优质有机肥，是一种应用于 20 世纪 90 年代的国际先进生物技术，而将秸秆制造成优质生物有机肥在国外已实现产业化。其特点是：采用先进技术培养能分解粗纤维的优良微生物菌种，生产出可加快秸秆腐热的化学制剂，并采用现代化设备控制温度、湿度、数量、质量和时间，经机械翻抛、高温堆腐、生物发酵等过程，将农业废弃物转换成优质有机肥。它具有自动化程度高（生产设备 1 人即可操纵）、腐热周期短（4～6 周）、产量高（一台设备可年产肥料 2 万～3 万 t）、无环境污染（采用发酵，无恶臭气味）和肥效高等特点。

（1）催腐剂堆肥技术

催腐剂就是根据微生物中的钾细菌、氨化细菌、磷细菌、放线菌等有益微生物的营养要求，以有机物（包括作物秸秆、杂草、生活垃圾）为培养基，选用适合有益微生物营养要求的化学药品制成定量的氮、磷、钾、钙、镁、铁、硫等营养的化学制剂，有效地改善了有益微生物的生态环境，加速了有机物分解腐烂。该技术在玉米、小麦秸秆的堆沤中应用效果很好，目前在我国北方一些省市开始推广。

（2）速腐剂堆肥技术

秸秆速腐剂是在“301”菌剂的基础上发展起来的，由多种高效有益微生物和数十种酶类以及无机添加剂组成的复合菌剂。将速腐剂加入秸秆中，在有水的条件下，菌株能大量分泌纤维酶，能在短期内将秸秆粗纤维分解为葡萄糖，因此施入土壤后可迅速培肥土壤，减轻作物病虫害，刺激作物增产，实现用地养地相结合。实践表明，采用速腐剂腐烂秸秆，高效快速，不受季节限制，且堆肥质量好。

秸秆速腐剂一般由两部分构成。一部分是以分解纤维能力很强的腐生真菌等为中心的秸秆腐熟剂，质量为 500 g，占速腐剂总量的 80%。它属于高湿型菌种，在堆沤秸秆时能产生 60℃以上的高温，20 d 左右将各类秸秆堆腐成肥料。另一部分是由固氮、有机磷、无机磷细菌和钾细菌组成的增肥剂，质量为 200 g（每种菌均为 50 g），它要求 30～40℃的中温，在翻捣肥堆时加入，旨在提高堆肥肥效。

（3）酵素菌堆肥技术

酵素菌是由能够产生多种酶的好（兼）氧细菌、酵母菌和霉菌组成的有益微生物群体。利用酵素菌产生的水解酶的作用，在短时间内，可以把作物秸秆等有机质材料进行糖化和氨化分解，产生低分子的糖、醇、酸，这些物质是土壤中有益微生物生长繁殖的良好培养基，可以促进堆肥中放线菌的大量繁殖，从而改善土壤的微生态环境，创造农作物生长发育所需的良好环境。利用酵素菌把大田作物秸秆堆沤成优质有机肥后，可施用于大棚蔬菜、果树等经济价值较高的作物。

（4）由工业废液生产高浓缩秸秆复合肥

造纸黑液是造纸工业以稻秸、麦秸等有机粗纤维为原料，用碱法生产纸浆时排出的废液，俗称废液。一般黑液固形物中，有机物占 65%～70%，无机物占 30%～35%。有机物中木质素占 34%，挥发酸占 13.3%，糖类、醇类等物质占 52.7%。无机物主要有二氧化硅、氢氧化钠等。由于黑液中的强碱可腐蚀破坏秸秆表面的蜡质、解体秸秆组织，使细菌很快可以利用残体中的营养物质，迅速繁殖，达到快速腐化的目的；因此，可用其催腐秸秆，并通过加入其他添加剂，生产得到高浓缩秸秆复合肥。该项技术的工艺流程包括工业化沤制发酵，氨化处理，磷化处理，高温高压处理，最后制成颗粒型复合肥。

7. 秸秆还田配套的机具

秸秆还田劳动强度大，为了保证还田质量，应采用机械作业进行秸秆还田。秸秆还田机械有多种形式，不同的秸秆应配套不同的机械。秸秆还田机械主要有秸秆还田旋耕机，甩刀式碎土灭茬机，装有覆土器的深耕犁以及秸秆粉碎抛撒机等多种类型。

（1）秸秆还田旋耕机

秸秆还田旋耕机与一般系列旋耕机结构基本相同。正转用于旋耕，反转用于秸秆还田。秸秆还田旋耕机一般由工作部件、传动部件和辅助部件三部分组成。工作部件由刀管轴、刀片、刀座和轴头等组成。传动部件由万向节、齿轮箱和传动箱等组成。辅助部件由悬挂架、左右主梁、侧板、挡泥导向罩和平土拖板等组成。秸秆还田旋耕机采用反转旋转，即刀轴的旋转方向与作业机行走轮旋转方向相反。工作时，旋耕刀从土壤底部开始向土壤表面逆向切土，机组负荷较均匀，牵引负荷稍大，无漏耕现象。作业后地表平整，碎土率高，一次可完成灭茬、秸秆还田、埋青、旋耕碎土、掩埋以及覆盖等作业。作业质量满足农艺要求。

（2）甩刀式碎土灭茬机

甩刀式碎土灭茬机的甩刀用活动铰链与转轴连接，甩刀逆滚动方向回转，将茎秆切断后，拾起后抛，并利用高速旋转时的惯性力来打碎禾茬、硬土块或草皮层。动力通过传动箱由侧面传送到切碎辊，切碎高度由液压机构或限深轮控制。在切碎机机体的前方装有防护挡帘，防止碎秸秆抛向前方。打茬的工作部件主要是甩刀，从甩刀的形式来看，有L形、直刀型、锤爪式等。L形甩刀用于切割粗而脆的玉米秸秆，粉碎时，以切割和打击相结合的方式切碎秸秆。直刀型甩刀用于切割细而软、质量轻的小麦、水稻等茎秆，粉碎时，以切割为主，打击为辅。锤爪式甩刀锤爪质量大，传动惯性力大，用于大型机具上。工作部件有长短之分，可根据不同作物选用合适的工作部件。

（3）装有覆土器的深耕犁

在主犁体上方安装覆土器，使土垡尚未翻转时，先将土垡表面长有残茬并容易外露的一角切去并使其落入犁沟底部，然后犁体翻转土垡将其掩埋。覆土器协助犁体在翻垡时，将地表面的残茬杂草埋入土中，不使其外露，进而使秸秆杂草腐烂还田。

（4）秸秆粉碎抛撒机

秸秆粉碎抛撒机是在联合收割机上安装茎秆切碎装置，实现了秸秆粉碎和抛撒作用。秸秆粉碎抛撒机的切碎装置由一组切刀和喂入轮组成，或由旋转滚筒加定刀片组成。工作时，茎秆被强制喂入，靠喂入轮和刀片的转速不同来切碎茎秆；

按其特性可分为甩刀式和定直径滚刀式。为了防止茎秆阻塞，可在茎秆切碎装置处，加装茎秆堵塞报警装置，一旦发生堵塞，可随时发现及时排除故障，以避免零件损坏。秸秆粉碎机的抛撒装置由排草风扇、扇形导流板及支刀传递机构组成，使秸秆粉碎并均匀抛撒。秸秆粉碎抛撒机一般把茎秆切断成长度小于 10 cm 的小段，其切碎和抛撒性能均达到农艺要求，有利于灭茬器的旋耕作业和秧苗的栽培，并可根据需要，装上或卸下切碎装置。对于割前脱粒的联合收割机，秸秆可以用高架犁直接整株还田，也可以先脱后割，将秸秆粉碎还田。

第二节　农用地膜污染防治

一、地膜污染概况

我国地膜应用已经有 20 多年的历史，自 20 世纪 80 年代中期开始，我国地膜覆盖面积和使用量一直位居世界第一位。地膜原料是人工合成的高分子化合物，在自然条件下很难分解或降解，随着地膜的大量应用，在提高作物产量的同时，也出现了地膜残留的问题。研究表明，20 多年来，我国地膜覆盖面积累计已超过 2 000 万 hm^2，同时也导致了近 200 万 t 地膜残留在土壤中，占使用量的 25%～33%。农业部于 20 世纪 90 年代初对全国 17 个省市的调查结果表明，所有地膜覆盖过的农田土壤均有不同程度的残留污染，残留量平均为 60 kg/hm^2，最高达 135 kg/hm^2。近些年来，国内一些研究人员也对农田土壤中地膜的残留情况进行了调查研究，如对河南省中牟、郑州、开封等地的调查结果表明：花生地耕层土壤地膜残留量年均为 66 kg/hm^2，最高可达 135 kg/hm^2；在河北省邯郸地区的调查结果显示：棉田土壤地膜残留量达 59.1～103.4 kg/hm^2；在黑龙江、辽宁、北京和天津等地调查结果表明：这些地区农田土壤残膜量平均达 90～150 kg/hm^2；北京市农业局的调查结果显示，采用塑料地膜覆盖栽培技术后，花生地、西瓜地和蔬菜地的残留塑料地膜分别为 27.45～69 kg/hm^2、40.65～76.35 kg/hm^2 和 30.00～51.60 kg/hm^2，分别占地膜总使用量的 40%以上、70%～90%和 25%～40%；湖北省农业生态环境监测站调查的结果表明：耕地土壤中的地膜残留量与连续覆盖时间呈正相关，相关系数为 0.94，在不注重残留地膜捡拾清除的农田土壤中，连续覆盖地膜的年份越多，土壤中残留的塑料地膜量越大；宁夏和内蒙古地膜污染较轻，但也分别达到 34.6 kg/hm^2 和 45 kg/hm^2。

综合来看，我国地膜残留具有以下三个方面的特点：①地膜残留污染相对严重。我国人口多、耕地面积有限等因素导致地膜应用规模大、时间长，同时，地膜应用基数高，残膜回收率低。发达国家地膜厚度多为 0.015 mm 以上，而我国地膜平均厚度仅为 0.005～0.008 mm。较厚地膜的拉伸性能和韧度更高，不易破碎，而薄地膜拉伸强度低，易破碎，用后难以回收，造成残留污染情况严重。发达国家可降解地膜的应用比例高，种类丰富，而现阶段我国尚缺乏低成本的可生物降解地膜，大多数可降解地膜仍停留在试验阶段。②地膜污染区域分异明显。不同地域，地膜使用量不同，种植方式、回收情况不同，地膜的残留特点也不一样。从全国范围看，北方地区的地膜残留量问题相对严重。尤其是北京、天津、新疆、甘肃等，每公顷农田土壤中残留塑料地膜量为 90～135 kg。③地膜回收率低。一定量的地膜在使用过程中或使用后，可能随着风、水、人、牲畜、耕作工具等动力或载体带出使用地膜的农田。在不回收地膜的情况下，地膜残留率或残留量要远大于回收地膜，据研究，不回收地膜条件下当季地膜残留率是回收条件下的 3 倍以上。因为废旧膜回收费时费力，且价值低，导致农民收捡残膜的积极性不高。

二、地膜污染防治的主要措施

（1）加强地膜生产企业及销售市场的监管，提高地膜产品质量

地膜质量是影响地膜回收的重要因素。首先，只有保证地膜的质量，才能实现有效的回收。国外在地膜的质量和标准化方面控制得比较好，市场上很少有超薄膜、劣质膜销售，如美国和西欧国家地膜厚度一般为 0.020 mm，日本为 0.015 mm，而且由于地膜质量较好，使用后地膜仍比较完整，机械回收后农田土壤中几乎没有地膜污染。我国在 20 世纪 80 年代初期地膜厚度为 0.014 mm，但为了降低成本、获得更大的经济利益和迎合市场需求，目前市场上实际生产销售的地膜厚度大多为 0.005～0.008 mm，甚至更薄，导致地膜强度低、易老化破碎，回收十分困难。同时，专用树脂母料的缺乏也是影响地膜产品质量稳定的一个重要因素。因此，控制地膜污染，必须要强化地膜产品和销售市场的监管，要求农用地膜生产企业和经销企业按照国家强制性标准进行生产和经营，规范原料供应和质检过程，利用法律法规等手段来限制超薄膜和劣质膜的生产和销售，以此保证农用地膜的质量和确保地膜使用后能够顺利回收。其次，要加强国内地膜专用树脂母料的生产和研发。解决因地膜生产母料不足而导致的地膜产品质量不稳定的问题，提高地膜的质量，从而实现从源头上控制地膜污染的形成。

（2）促进节约型地膜使用技术推广应用，减少地膜投入量

①推广一膜多用技术，即选用厚度适中、韧性好、抗老化能力强的地膜产品，

在第一年使用后基本不会有破损，第二年可以直接在上面打孔免耕播种，这样既减少了地膜投入量，又减少了土壤耕作的用工，达到省时、省工又环保的目的。②在保证不影响作物生长的前提下，适当减少地膜的田间覆盖度。如我国地膜推广初期，田间的理论覆盖度是80%～100%，但通过试验，研究人员发现一些地区的某些作物地膜覆盖度可降低至59%～70%，且增产效果不减，从而达到少用地膜、少污染的目的。③通过作物轮作倒茬以及农作制度的改变，减少地膜总的覆盖量。如河北邯郸地区通过粮棉、菜棉轮作倒茬减少地膜单位面积平均覆盖量，进而减轻地膜污染危害；还通过更换棉花品种，把春棉变为夏棉，从而实现了棉花裸地种植，减少了地膜的投入。

（3）加强残膜回收技术和装备的研发，提高残膜的回收质量和回收率

欧美和日本等发达国家由于使用的地膜产品比较规范、韧性好、抗老化能力强，一般都在作物收获后进行完整彻底的回收。而我国的地膜产品由于其特殊性，必须要根据不同的作物种类和不同的区域条件，研究最合理的揭膜时间和揭膜方式，在地膜完成其功能且又未老化破损前进行揭膜回收，提高地膜的回收利用效率。如河北、新疆等地开展的棉花头水前揭膜技术，由于头水前地膜尚未老化、韧性好、不易破碎，回收率可达90%以上。而在山西，玉米覆膜栽培最适宜的揭膜时间则在拔节期，即玉米出苗后45 d揭膜，这样能大幅度提高地膜的回收率。农田残膜除人工捡拾外，要加快研制成熟适用的残膜回收机具，由于地膜应用范围的扩大，手工回收残膜变得越来越困难，机械回收残膜已经成为必然趋势。目前，国内残膜回收机主要分为两大类：苗期残膜回收机和秋后残膜回收机；研制出的机型有十几种，如苗期揭膜机、秋后回收机、耕层捡拾机和播前回收机等；其中一些机型已经比较成熟，但由于额外增加作业成本，并未得到大面积的应用。今后应重点攻关研制常规农事操作与残膜回收能够同时兼顾的农机具及其配套技术措施，在不增加作业成本和农民负担的前提下，实现地膜的高效回收。

（4）开展常规地膜替代产品开发，减少可能的污染源

研制出可降解、无污染的地膜新产品替代传统聚乙烯地膜是根治地膜污染的理想途径。20世纪70年代，欧美和日本等发达国家的科学家提出了降解塑料的概念，并对以光降解和生物降解为代表的降解材料进行了研究。据了解，欧洲可环境降解塑料的需求量以每年59%的速度递增；在日本，可降解塑料已占全部塑料消耗量的10%。据预测，绿色环保型产品将是未来市场的主导产品，可降解塑料有着广阔的国内外市场。我国对降解塑料研究尚处于试验和探索阶段，完全可降解地膜鲜见报道，但可以在不同程度上实现降解的地膜报道却很多。由于可降解地膜降解和应用的复杂性，同一配方的降解塑料地膜在不同的地方、对不同的

作物有不同的降解表现，因此必须通过大量的应用研究才能推广使用。与普通聚乙烯地膜相比，降解地膜还存在生产成本高、地表覆盖部分与埋土部分降解诱导期不同步、产品降解不完全或力学性能和耐水性较差等问题。但随着人类对环境保护的日益重视，以及材料科学和工艺水平的发展，开展绿色环保型地膜产品的研制与开发、以生物质为主要原料的生物降解地膜替代传统的聚乙烯地膜及消除由废弃地膜造成的农田白色污染，必将是农业农用薄膜发展的趋势。

（5）加强宣传教育，提高人们的环保意识，制定残膜回收利用的激励政策与法规

地膜污染的防治需要农民、企业和政府共同协作进行，而其中政府起着重要的监督、管理和引导的作用。首先，政府要加强宣传教育，提高全社会的环保意识，使农民能够意识到地膜污染的危害，提高人们回收残膜的自觉性。其次，要制定相应的政策和法规，对农田土壤地膜残留标准和残留回收处理方式进行强制性约束，凡是没有达标的农田，都要对其进行必要的行政干预。再次，采取政策激励措施以及相应的资金补贴，鼓励企业参与地膜的回收与再利用。最后，加强国际合作，通过技术的引进与创新，提高残膜回收利用的效益和价值，只有当农民和企业在捡拾残膜和回收利用方面得到较好的经济效益，残膜的“白色污染”才有望得到彻底的解决。

第三节　废旧农膜回收

一、残膜回收机械

残膜回收是世界各国都面临的一个棘手问题。英国和前苏联采用悬挂式收膜，工作时松土铲将压膜土耕松，然后将薄膜收卷到羊皮网或金属网上，收下的薄膜洗净后卷好以备再次使用。日本对残膜的回收处理相对好一些，主要原因：一是日本覆盖地膜的土壤主要是火山灰土，土壤疏松不易损膜；二是地膜较厚、强度大、覆盖期相对较短，清除时可保持较完整，在回收时缠绕扎在地膜两边的绳索，将地膜收起。法国的一些地区采用地膜铲将压在地膜两侧的泥土刮除，随后起出残膜。在地头由人工将膜提起并缠在卷膜筒上，随着机组的前进，地轮带动卷膜筒旋转，连续不断地将地膜缠在卷膜筒上，完成残膜的回收过程。总体来看，在欧美、日本等发达国家，地膜覆盖一般用于蔬菜、水果等经济作物，覆盖期相对较短。为了便于回收，这些国家使用的地膜较厚，一般为 0.020～0.050 mm，可连

续用 2～3 年，主要采用收卷式回收机进行卷收。该类机型结构比较简单，主要由起膜铲和卷膜辊组成，残膜成卷回收以便后期处理或继续使用，对其研究主要集中在卷膜辊线速度与回收机前进速度如何相互匹配的问题上。

我国情况与国外不同。我国使用的农用地膜很薄，厚度一般为 0.005～0.008 mm，强度小，覆盖期相对较长，清除时易碎，不易回收。采用国外收卷式地膜回收机回收地膜难以适应中国国情。从 1982 年开始，我国已有十多家科研院所的科研工作者开始对收膜机械进行探索和研究。

经过 20 多年的不懈努力，我国已取得残膜回收机械的相关专利技术 60 多项，开发出了滚筒式、弹齿式、齿链式、滚轮缠绕式、气力式等多种形式的残膜回收机。其中，对滚筒式残膜回收机的研究较为集中，其滚筒有伸缩扒杆捡拾滚筒、弧形挑膜齿捡拾滚筒、弹齿滚筒、夹持式捡拾滚筒、梳齿滚筒等多种结构形式。据不完全统计，我国研制的残膜回收机机型有 100 余种，有单项作业和联合作业两种作业形式，按作业时段可分为苗期残膜回收机、秋后残膜回收机和播前残膜回收机。

苗期残膜回收机是在棉花、玉米等作物浇头水之前揭去全部地膜，此时揭膜有利于中耕、除草、施肥和灌水。苗期揭膜时地膜老化较轻，一般采用人机结合的方式，机具要求必须对准行、不伤苗。其代表机型有新疆生产建设兵团机推广站和新疆生产建设兵团农八师 134 团研制的 CSM—130B 型齿链式悬挂收膜机、新疆农业科学院农业机械化研究所研制的 MSM—3 型苗期残膜回收机，以及东北农业大学研制的 MS2 型玉米苗期残膜回收机等。但是，苗期残膜回收机作业后需要及时灌水，以防止因水分蒸发而造成干旱，对墒情要求较高，只适用于水源较充足地区的部分作物。而我国大部分地膜覆盖种植区干旱少雨，近年来又推广应用膜下滴灌等节水灌溉技术，因此苗期残膜回收机在推广应用上受到了很大制约，目前已不是研究重点。

秋后残膜回收机是目前的研究热点，它是在作物收获后、犁地前回收地膜。收膜对象主要是当年铺设的地膜。此时地膜处于地表，相对比较完整，在苗期揭膜受到制约的情况下，秋后是回收残膜的最佳时机。由于秋后作业时间短，为了提高作业效率，减少秸秆对收膜的影响，该类机型一般与秸秆粉碎还田机联合作业。其收膜工艺一般是先将农作物秸秆粉碎撒到机具的侧方或者后方，为后续收膜工序创造一个相对干净的工作面，然后进行膜边松土、用起膜铲将地表残膜铲起、用挑膜齿挑起残膜，最后脱（卸）膜机构将被挑起的残膜卸下并送入集膜部件。其中挑膜、卸膜和集膜是影响收膜效果的核心机构。其代表机型有新疆农垦科学院农业机械研究所研制的 4SJ—1.6 残膜回收与茎秆粉碎联合作业机和新疆农业科学院农业机械化研究所研制的 4JSM—1800 棉秸秆粉碎还田与残膜回收联合作业机。

播前残膜回收机是在农作物播种前回收地膜，此时作物秸秆已经腐烂，地里杂物较少，但地膜老化严重，多以块状形式存在于土壤中，所以回收比较困难，回收率十分有限。目前已研制出的代表机具有弹齿式搂膜机等，弹齿入土深度 3～5 cm，将地表残膜搂成条，由人工清膜，这种机具只能收集大块残膜块而对小块的碎膜无能为力。

总之，我国在残膜回收机械的研究上做了大量工作，取得了一定的成绩，具有较好的研究基础。虽然我国研制了百余种机型，但残膜回收机的推广应用仍不尽如人意。究其原因，首先，残膜回收是一项社会效益大而短期经济效益不明显的工作，机具作业需要付出专门的机耕费，增加了生产成本，农民难以接受。其次，许多机型因已不适应当前的农业技术要求而遭到淘汰；部分新开发的机型尚处在成果样机或中试阶段，作业性能还有待于进一步提高。

因此，目前我国残膜回收工作还是以人工捡拾为主，部分地区已采用简易机具进行辅助，农业生产中对经济、实用的残膜回收机械需求仍然十分迫切。

二、新型可降解地膜

可降解地膜是降解塑料薄膜系列产品中的一类，与传统的聚乙烯地膜相比，其主要优点是在地膜失去增温保墒等功能后，在各种因素作用下经过一定的时间自动降解为对环境无污染的小分子物质，从而可以防止残膜对农田环境的污染。目前，对降解地膜国际上还没有统一的分类标准和评价方法，但根据引起降解的客观条件和机理不同，一般可分为光降解地膜、生物降解地膜、光/生物降解地膜三种类型。

（一）光降解地膜

光降解地膜是指在自然光照条件下能够发生有序降解老化的地膜材料，主要机理是在高分子聚合物中引入光增敏基团或加入光敏性物质，使其在吸入太阳紫外线后发生光化学反应而使高分子链断裂、变为低分子化合物，从而实现地膜的老化降解。光降解地膜按材料中降解聚合物分子设计的基本原理不同可分为合成型和添加型两种。

合成型光降解地膜材料是在烯烃聚合物主链上引入光增敏基团而赋予其降解性，通常采用光敏单体 CO 或烯酮类与烯烃类单体共聚，合成含羰基结构的光降解型 PE，并通过调节羰基基团含量来控制光降解活性。目前技术比较成熟且已工业化生产的有乙烯-一氧化碳共聚物（ECO）、乙烯-乙烯基酮共聚物（Ecolyte）等。前者是1941年由德国Bayer发明，其后由美国Dupont公司完成技术，20世纪70年代由UCC公司首先实现工业化生产。目前主要是由美国Dupont公司生产，生产的产品名称为“ELVAX”。后者由加拿大ECO塑料公司取得专利并实现工业化生产。美国 Atlantic 公司也生产此类光敏剂，产品除用于本国光降解地膜的生产外，还出口意大利生产光降解地膜。合成型光降解地膜材料降解均匀彻底，但成本高，同时由于在制造过程中需要合成新型的中间体酮类单体，并与烯烃类单体进行共聚，技术难度较大。

添加型光降解地膜材料的特点是将光敏剂添加到烯烃聚合物中，在紫外光作用下，光敏剂可离解成具有活性的自由基，进而引发聚合物分子链断裂使其降解。如美国Ampact公司生产的含过渡金属铁离子的光降解母料（Polygrade），以色列Scott-Gilead公司生产的具有稳定、增敏功能的Ni、Fe金属络合物产品。美国Btolan公司、Plastigone公司、Enviromer Enterprises公司，澳大利亚Chimiepolyane公司等生产的可控光降解地膜，均是采用添加型光敏剂技术。添加型光降解地膜材料技术原理比较简单，但在实际使用中，选择具有高效光敏活性的添加剂是加工性能优良的降解地膜制品的技术关键。

（二）生物降解地膜

生物降解地膜是指在自然环境中由于微生物（细菌、真菌、放线菌等）的作用而引起降解的一类塑料薄膜。日本生物降解塑料研究技术委员会的定义为：“在自然界中通过微生物的作用可以分解成不会对环境产生恶劣影响的低分子化合物的高分子及其掺混物。”生物降解地膜降解的主要机理如下：

微生物首先通过生物物理作用使高分子材料发生机械性破坏，分裂成低聚物碎片，然后再通过生物化学作用，利用微生物中的酶将高分子聚合物分解成低分子量的分子碎片，然后这些低分子碎片再被细菌等微生物分解、消化、吸收，最终形成水和二氧化碳。

生物降解地膜按照其降解特性可分为完全生物降解地膜和生物破坏性地膜（不完全生物降解地膜）。完全生物降解地膜是以具有易被微生物降解结构的高分子物质作为材料，这些高分子物质包括天然的和合成的（人工化学合成或生物合成）。天然高分子降解材料通常以某些天然物质如淀粉、纤维素、甲壳素等为主要原料并经改性制得。人工合成的高分子物质目前代表性的工业化产品有聚己内酯（PCL）、聚琥珀酸丁二酯（PBS）、聚乳酸（PLA）和聚羟基乙酸等。生物破坏性地膜材料主要是将天然高分子原料与通用型合成树脂通过共混或共聚的方法制得。其中主要的高分子原料是淀粉及其衍生物。20世纪70年代，英国科学家Griffin发明的第一个淀粉 PE 就属于此类产品。但其降解部分主要是淀粉，聚烯烃部分则无法降解。

（三）光/生物降解地膜

光/生物降解地膜（又称双降解地膜），是将微生物敏感物质（如淀粉）与合成树脂共混，同时向体系内引入光敏剂，并在诱导期过后，通过光敏剂的敏化作用，将合成树脂降解为低分子量化合物，加入的微生物敏感物质自然被微生物降解。同时，由于制品中聚集的微生物能够作用于生成的低分子化合物，聚合物最终为土壤同化。

光/生物降解兼具光降解和生物降解的双重功能，是国内外研究的主要方向之一。它将光敏剂体系的光降解机理和淀粉的生物降解机理结合起来，一方面可以提高降解速率，另一方面利用光敏体系可调的特性达到人为控制降解诱导期的目的。有代表性的主要公司和产品有美国 Ecostar international 公司的 Ecostar Plus、美国 Ampact 公司开发的 PolygradeIII、美国 ADM 公司改进了的 Polycleany 等。但其安全降解性有待进一步论证，另外，这类降解塑料存在的主要问题是光与生物降解的有机结合尚不够理想。

参考文献

[1] 毕于运，王亚静，高春丽．中国主要秸秆资源数量及其区域分布[J]．农机化研究，2003（3）：1-7.

[2] 朱圣权，张衍林，张文倩，等．厌氧干发酵技术研究进展[J]．可再生能源，2009，27（2）：46-51.

[3] 田宜水，孟海波．农作物秸秆开发利用技术[M]．北京：化学工业出版社，2009.

[4] 陈蔚萍，陈迎伟，刘振峰．生物质气化工艺技术应用与进展[J]．河南大学学报：自然科学版，2007，37（1）：35-41.

[5] 陈百明，张正峰，陈安宁．农作物秸秆气化利用技术与商业化经营案例分析[J]．农业工程学报，2005，21（10）：124-128.

[6] 严昌荣，何文清，梅旭荣，等．农用地膜的应用与污染防治[M]．北京：科学出版社，2010.

第五章　农村生活垃圾污染控制技术

第一节　农村生活垃圾污染现状和危害

一、我国农村生活垃圾污染现状

随着我国农村经济的飞速发展，农民生活水平有了明显提高。而随着全球消费品种越来越丰富，商品更新换代的速度也明显加快。这样农民在享受物质产品的同时也暴露出另一个问题：农村生活垃圾数量与日俱增，垃圾成分越来越复杂，治理难度增加。现有的农村生活垃圾处理处置方式已无法满足新农村建设的需要。农村生活垃圾污染问题已成为影响农民生活生产、农村城镇化建设和可持续发展的重要因素。

就整个农村生态系统来看，农村生活垃圾的主要特点和趋势是：

（一）产生量增大、成分更复杂

随着经济的不断发展和农民收入的不断增加，农民消费方式发生了重大变化，工业产品在农民生活中工业产品日益增多，生活垃圾成分和含量也在趋向城市化。与此同时，农村生活垃圾的产生量也逐年增加。卫生部开展的中国农村饮用水与环境卫生现状调查显示，平均每位农村居民每天产生 0.8 kg 的生活垃圾；据 2008 年中国统计年鉴，2007 年全国有 7.3 亿农村人口，每年产生农村生活垃圾约 2.1 亿 t。数量如此之大，给农村生活垃圾处理处置带来很大的压力。

农村生活垃圾的构成主要受农民生活水平、能源结构以及季节变化的影响。随着农村经济的发展和城镇化进程的加快，农村生活垃圾的成分发生了较大的变化。从农民日常的饮食结构看，生活垃圾中含有大量的厨余垃圾，即垃圾中含有大量的蔬菜、果品、肉食禽蛋等，且有增加的趋势，这在我国南方经济较发达的农村尤为明显。从农民的燃煤结构看，由于农村地区铺设燃气管网困难较大，目前农民使用的燃料还是以秸秆和蜂窝煤为主，有些山区农村甚至仍以烧树枝为主；

但是随着农村农田用地的不断减少，农村已经减少了秸秆作柴火的使用量，开始广泛使用太阳能热水器和蜂窝煤炉。因此，农作物秸秆、畜禽粪便等占生活垃圾的比例也逐年提高。

过去，农村生活垃圾中的玻璃、塑料、金属等可回收物质占的比例相对不大，但随着农村的发展和建设，垃圾组成会向城市垃圾成分方向转化：无机含量，尤其是灰渣含量大幅降低，而易堆腐垃圾和可回收废品含量则持续增长。当前农村生活垃圾处理方式以填埋为主，垃圾的收集方式为混合收集，一些有害物质如干电池、废油等未经分类直接进入垃圾，增加了无害化处理难度。另外，一些可回收资源利用物质也是直接填埋，这造成了资源的浪费，也使得垃圾成分在处理时更加复杂。

农村生活正日益改善，农村目前正大量建房、搞现代化建设。因此小规模建筑垃圾在目前农村生活垃圾中的比例也在不断增加。农村住房的翻新，盖牛舍、猪圈，搞现代化养殖等，都会带来部分建筑垃圾，如水泥、废砖头、破旧石棉瓦等，这些在很多农村地区的路边或田间地头都经常可以见到。这些建筑垃圾产生的随意性大，运输困难，造成污染的情况也更复杂。

（二）随意倾倒、难以收集处理、再利用率不高

农村生活垃圾处理有随意堆放、集中堆放、简单处理等方式。“千乡万村环保科普行动”调查显示，49%的村庄随意堆放或倾倒，29%的村用来沤制农家肥，15%的村定点集中堆放，7%的村有专人收集清运。农村生活垃圾随意堆放现象较为普遍，房前屋后、田间地头、池塘沟渠、街道两旁、马路边沿、河道中随处可见。经济不发达的农村，因无人清运垃圾，多以“各扫门前雪”的方式，处理各自的生活垃圾，由于量小，多抛弃在房前屋后、街道两侧或沟坎池塘内。经济较发达的农村，多数以村为单位，把村内垃圾集中到村外的河沟、池塘、路边，或简单填埋，形成不同规模的垃圾堆、垃圾山。

由于丢弃分散，集中度低，将垃圾收集并再利用的价值就比较低。目前我国农村普遍经济条件并不很好，可回收的生活垃圾农民多各自收集起来，然后出售给废品回收人员或企业。因此，调查发现回收价值高的生活垃圾含量非常少，如废旧钢铁类、废塑料等，在农村生活垃圾中很少见到。可回收的往往只是碎玻璃、废旧电池等回收利用价值不高的垃圾。因此，农村生活垃圾再利用率不高的特点在我国也是一个比较普遍的现象。

（三）城市垃圾下乡，加重农村生态环境压力

一些发达程度不高的中小城市或城镇，由于资金和技术的局限，常常把城市垃圾向郊区、农村等地“输送”。在许多城乡结合部，经常可以见到垃圾山、垃圾堆；并且由于城市、城镇面积、范围的不断拓展，城市向农村紧逼的趋势愈加明显，城市生活垃圾向农村地区推进的趋势正不断地加强。量大、成分复杂、不经任何处理的城市生活垃圾，正一步步地向农村地区“挺进”。而农村地区往往由于没有话语权，很难抵制城市生活垃圾的进攻，只能被动接受。这不仅影响了农村整体的村容村貌，而且严重污染了地下水、土壤，给当地村民的身体健康和心理健康带来了影响。正是由于城市垃圾排放进农村而且排放得不合理，农村生活垃圾处理的难度才与日俱增。这也使本来就缺乏保护的农村生态环境日趋恶化，无形中影响着农民生产和生活的方方面面。

由于我国农村地区相对城市来说经济上往往落后很多，生活水平和物质水平更是没办法和城市相比。这种相对的不合理、不公平和贫富差距悬殊造成了农民心理的不平衡。城市生活垃圾对农村地区的“进攻”更加重了农民对城市人口的抵触情绪，导致社会不和谐声音的出现。

（四）收集、运输无法满足现状，处理方式简单，缺乏整体规划

我国农村垃圾主要采取单纯填埋、临时堆放焚烧、随意倾倒三种处理方式。农村采用的单纯填埋一般是利用现有的沙坑或者低洼地直接进行垃圾倾倒。随着时间的推移，混合垃圾腐烂、发臭以及发酵甚至发生反应，不仅会释放出危害人体健康的气体，而且垃圾的渗滤液还会污染水体和土壤，进而影响农产品的品质。此外，农村自来水普及率偏低，饮用水大多取自浅井，因此，垃圾中的一些有毒物质的渗漏，如重金属、废弃农药瓶内的残留农药等，随雨水的冲刷，迁移范围会越来越广，最终通过食物链影响人们的身体健康。

农民村民居住分散，绝大部分农村地区没有专门的垃圾收集、运输、填埋及处理系统。农村生活垃圾几乎都是在田间村头、道路两旁随地丢弃。经过长期堆积，道路两旁成了没有覆土的垃圾填埋场，自然低洼地成了天然垃圾箱。全国农村一年的生活垃圾量中，有约 1 亿 t 的垃圾被随意堆放。不仅侵占了大量土地，而且成为苍蝇、蚊虫等病原体滋生的场所。同时，垃圾在天然堆放过程中会产生甲烷等可燃气体，遇明火或自燃易引起火灾、垃圾爆炸等事故。

有些经济条件较好的村庄，垃圾由村内自行收集，其中大部分村子以敞开式垃圾池收集为主并配一定数量的垃圾桶；在调查中发现，各村不同程度地存在垃

圾池的设置数量少、服务半径不合理、垃圾桶缺失或损坏严重、垃圾收集车数量少和效率低的现象，特别是有些村子，由于资金等诸多原因应建的收运设施及配套设备搁浅。农村垃圾的运输多由镇政府负责，但由于农村实际情况比较复杂和受经济条件限制，部分比较富裕的村子 40%左右的生活垃圾由镇里运走，镇里未运走的那部分垃圾由村里自己配车运往村内“填埋场”进行传统的简易填埋；而那些未配备垃圾桶的（池）村子，垃圾几乎全部由村里自行处理。另外在生活垃圾的运输过程中，由于不是密闭运输，出现了垃圾撒落现象，造成“二次污染”。

在对垃圾的收集、运输和处理上，没有形成一个在区（县）、乡（镇）域或属地范围内的整体规划。按照属地管理的原则，各乡（镇）、行政村负责自己辖区内的生活垃圾的清理，在不同程度上各自为“政”，在乡镇和村村结合部地带容易出现垃圾“三不管”的死角。正是这种没有统一规划的垃圾收集、处理的方式，从根本上造成了农村生活垃圾难以处理的局面。

（五）卫生意识不强

农民由于经济的因素还不能形成良好的环境保护意识，对垃圾乱堆乱放的现象还没有一定程度的认识；而自上而下对环境保护的认知和重视程度又不足，这就造成了农村生活垃圾无管制、无收集、无运输、无管理的局面，需要各级政府不断进行环境教育，加大宣传力度。环保知识要普及到各乡、村级别，从各家各户做起，由小及大、由点到面，全面提高农民的环境保护意识。

在经济发达的国家，农民对环保、卫生的意识之强甚至超过城市居住者。据报道，很多国家、地区的农民对自己周围地区的环境保护非常重视，除政府配套的环保、垃圾处理的设施外，还和邻近农场、村庄合作自行组织共同建立相应的适合本地区的垃圾处理等环保设施。这一部分是出于政府对农产品的生产环境和质量的要求，另一部分也是来自于农民对环境的保护意识。只有农产品的生产环境得到保护，农产品的质量才能有相应的保证。由此看来，农村生活垃圾处理问题不仅是环境保护、环境卫生相关部门的责任，也是卫生安全、食品安全甚至是医疗安全等生活中各部门应共同关注的问题。

（六）缺乏工作支持、管理落后、法律法规不健全

农村生活垃圾处理的问题，近些年才提到政府工作日程上来，主要是在我国实施“新农村建设”以后。但由于我国农村地区面积较大，乡、村相邻较远，村与村、村与乡、村与镇之间的交通发达程度不够，这给集中处理带来了较大的困

难。而我国经济正处于高速发展阶段，有限的资源首先用于发展经济尤其是城市工业经济，而忽略了农村经济，对农村的环境保护更是重视程度不够，各级政府对此都缺乏工作支持，甚至没有相应的管理机构，以致形成“无人问、无人管”的局面。

而农民养成多年的习惯也很难改变，这给农村生活垃圾的管理带来了困难。资金的缺乏，资源的不足，各级重视程度不够，更增加了管理的难度。有些经济较发达的农村已经认识到环境保护的重要性，已开展对农村生活垃圾的收集和处理，但是，由于缺乏相关专业人员，缺乏农村工作经验，对农村生活垃圾的管理效果并不明显。

另外，目前在农村生活垃圾的处理方面法律法规仍处于空白阶段，既没有相应的法律法规限制、约束农村生活垃圾的处理，也没有维护农村环境卫生的法律法规。这就导致农村生活垃圾随意丢弃、处理，随意填埋和焚烧，加上城市生活垃圾又一步步地进逼农村，从而给农村环境带来很大负担。

虽然在 2010 年国家已出台了《农村生活污染控制技术规范》，也发布了《村镇生活污染防治最佳可行技术指南（征求意见稿）》，但这些还远远不够，不单单是法律法规的不完善，各级对法律法规、技术规范等的认识、了解和重视程度也不够，有些地区甚至都不知道相应的法律法规，更别说执行了。因此，加强管理，增加投入和配套，提高环保意识，完善法律法规，是解决农村生活垃圾处理和环境卫生问题所必须要做的事情。

二、我国农村生活垃圾污染危害

农村生活垃圾有机物含量在逐年提高，放置时间长了，会滋生多种微生物、病毒及蚊蝇；特别是当含有毒有害城市生活垃圾废物时，如处理、处置不当，其中的有毒有害物质如化学物质、病原微生物等可以通过环境介质——大气、土壤、地表或地下水进入生态系统形成化学物质型污染和病原体型污染，进而对人体产生危害，同时破坏生态环境，导致不可逆生态变化。其具体途径取决于农村生活垃圾本身的物理、化学和生物性质，而且与农村生活垃圾处置所在场地的水质、水文条件有关，如有些可通过蒸发直接进入大气，但更多的是通过接触浸入、食用或通过进入受污染的饮用水或食物进入人体，其污染途径可参考图 5-1。

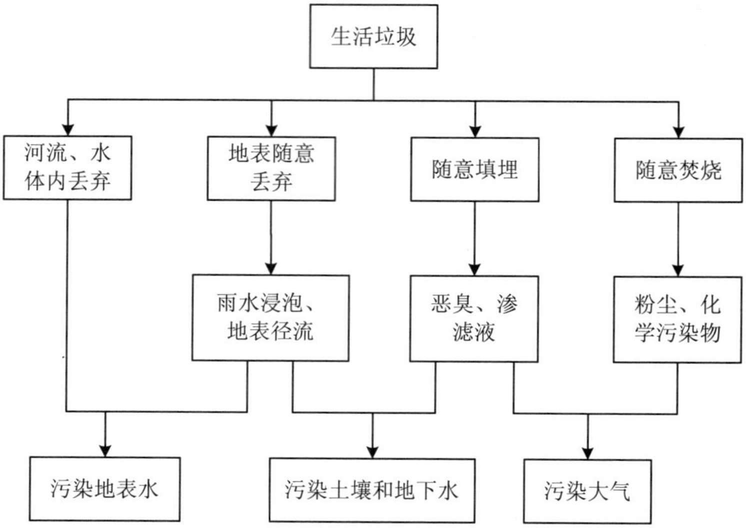

图 5-1 农村生活垃圾污染途径

生活垃圾对环境的影响主要表现在以下几个方面。

（一）对土壤环境的影响

农村生活垃圾如不加以利用，任其随意堆放，不但占用大量耕地和土地，导致可利用土地资源减少。而且当卫生填埋出现问题时，对土壤的污染更加严重。土壤是许多细菌、真菌等微生物聚集的场所，这些微生物与其周围环境构成一个生物系统，在大自然的物质循环中，担负着碳循环和氮循环的一部分重要任务。垃圾填埋场如不按照国家相应标准和规范建设，不进行严密的场地工程处理和填埋后的科学管理，会很容易污染土壤环境。当废弃物进入水体或渗入土壤中时，不仅会严重影响当代人和后代人的健康，而且会对生态环境造成长期的不可低估的影响。残留毒害物质不仅在土壤里难以挥发消解，而且还会杀死土壤中的微生物，改变土壤的性质和结构，阻碍植物根系的发育和生长，并在植物体内积蓄，破坏生态环境；当积存在人体内时，还对肝脏和神经系统造成严重损害，诱发癌症和致使胎儿畸形。

（二）对水体的影响

水是人类生活和生产活动中不可缺少的物质资源。农村生活垃圾可随地表径流进入河流湖泊，从而将有毒有害物质带入水体，杀死水中生物，污染人类饮用水水源，危害人体健康。

在一些没有自来水供水系统的农村地区，很多农户仍然将河流、湖泊作为饮用水水源，甚至有些地区以河塘或沟塘作为水源。这就很容易造成直接饮用受污染的水源，危害身体健康。

在有些农村地区，垃圾的卫生填埋仅采用简单、落后的填埋方式。其产生的渗滤液危害更大，它可进入土壤使地下水受污染，或通过地表径流进入河流、湖泊和海洋，造成水资源的水质型短缺。农村生活垃圾不但含有大量的细菌和微生物，而且在堆放过程中还会产生大量的酸碱性物质，从而将垃圾中的有毒有害重金属溶出，成为集有机物、重金属和微生物于一体的综合污染源。生活垃圾中所含水分以及在堆放过程中进入垃圾的雨水会产生大量富含这些污染物的浸出液，如果控制不当进入周围地表水体或者浸入土壤，会造成严重污染。

（三）对大气环境的影响

长期堆放的农村生活垃圾所产生的粉尘等颗粒物会随空气流动进入大气中，污染大气。另外，由于农村生活垃圾中有机物的含量较高，长期堆放，容易发酵，产生沼气或其他有毒有害气体，易发生爆炸或造成中毒现象，从而直接危害人类。

第二节 农村生活垃圾构成和分类

一、农村生活垃圾构成

农村生活垃圾和城市生活垃圾在构成上有很大的区别。表 5-1 是农村生活垃圾与城市生活垃圾的对比。

表 5-1 农村生活垃圾与城市生活垃圾的对比

	城市	农村
垃圾量	产生量大、增加快	产生量较少、增速明显
产生源	相对集中	分散
成分	无机物、厨余垃圾、废品多	有机垃圾、无机物多；废品少
成分性质	可回收者多	可利用者少
收运难易	容易	难

	城市	农村
环保意识	较好，清楚危害	差，无危害意识
影响因素	人口、经济、燃料、消费结构、城市特征	人口、经济、燃料、消费结构、农户数量、畜禽量、种植物结构
环境消纳能力	城市内部无消纳能力	有一定消纳能力
处理状态	基本集中处理	无专门处理
处理结果	无害化、减量化，但应预防二次污染	破坏环境

根据目前有关专家对我国部分农村地区农村生活垃圾的调查结果，不同地区、同一地区不同季节的垃圾排放类型和数量都是有区别的。这主要是受居民的生活水平、能源消耗结构和季节变化等因素的影响。农村垃圾以渣土为主，其占垃圾总重量的 56%，组成成分也比较复杂，如建筑、混凝土渣，燃料的灰分，家禽粪便，动物食品和骨骼等；其次是厨余，占垃圾总量的 24%，这部分物质的组成成分最为复杂，包括动植物食品的去除物、剩饭、剩菜、洗漱残渣和油污垢等；随着农村商品化程度的不断提高，化纤产品特别是塑料垃圾所占的比例也比较高，虽然塑料垃圾基质较轻，在重量上所占的比重也不大，但是由于体积庞大，仍给垃圾的处理工作带来了困难，增加了处理成本；废纸、玻璃、织物和金属所占的比重较小，加上这部分垃圾废品大多数能够回收利用，因此产生的垃圾量值不大；而电池、家用电灯等废品也不可忽视。农村垃圾最大的优势就是危险物品较少，从而降低了垃圾处理的风险。表 5-2 显示出不同地区农村生活垃圾的构成及人均垃圾产生量。

表 5-2　不同地区农村生活垃圾的构成及人均产生量

地区	厨余/%	渣土/%	玻璃/%	金属/%	纸类/%	塑料/%	织物/%	其他/%	人均垃圾产生量/（kg/d）
北京	26.28	58.97	0.90	0.16	3.94	5.48	1.16	3.11	1.5～2.10
宜兴	30.00	41.34	0.84	0.11	4.07	21.35	2.16	0.13	0.15
沈阳	4.43	94.03	0.97	0.03	0.08	0.14	0.13	0.19	2.29
张家港	50.00	11.00	1.00	2.00	10.00	22.00	1.00	3.00	1.95
河南	14.90	68.10	3.97	0.30	5.48	6.96	—	0.29	0.93
山东	28.92	69.40	—	—	—	—	—	1.68	1.48
平均值（修正）	25.03	59.45	0.96	0.19	4.50	11.26	1.44	1.29	2.16

二、农村生活垃圾分类

农村生活垃圾可分为可回收垃圾、可堆肥垃圾、不可回收垃圾和有害垃圾。

可回收垃圾。包括下列适宜回收循环使用和资源利用的废物：纸类、塑料、金属、玻璃、织物等，以及体积较大、整体性强、需要拆分再处理的废家用电器和家具等。

可堆肥垃圾。垃圾中适宜利用微生物发酵处理并制成肥料的物质，包括剩余饭菜等易腐食物类厨余垃圾和树枝花草等可堆沤植物类垃圾等。

不可回收垃圾。不适宜回收的废纸类、废塑料橡胶、旧织物用品和废木料等。

有害垃圾。垃圾中对人体健康或自然环境造成直接或潜在危害的物质，包括废日用小电子产品、废油漆、废灯管、废日用化学品和过期药品等。

第三节 农村垃圾收运模式

一、农村生活垃圾的收集和运输规划

对于农村生活垃圾收集和运输，首先要考虑农村的行政划分。农村根据其经济发展水平和行政范围可以分为两类：一类是经济比较落后、生活水平尚不发达的村，这类村基本以农业种植为主要生产活动，家庭生活方式简单，没有集中的卫生系统（比如厕所及粪便处理系统）；另一类是经济比较发达的镇和乡，基本形成居民集中区，有自己的集市，已经基本形成自己独立的环卫系统，有专门的厕所和环卫工人，给水系统和排水系统也较完备，其发展趋势是中小城市。这两类农村类型具有不同的发展方向和特点，因此垃圾收集运输方式必然存在本质不同，指导政策和规划也存在较大差异。

对于第一类经济比较落后的村，由于其居民生活水平较低，主要生活方式是自产自销，较低的生活收入必然使其主动进行废物利用，尽量进行循环使用，或者回收卖钱。其产生的废物一般为无害废物，对环境危害也较少，但产生源较为分散，收集较为困难。产生的废物由于利用价值较低（价值高的都被循环利用），因此不可能有个人主动进行收集和运输，但是如果由村委员会组织进行收集，则必须拨给一定的环卫经费，并运输到指定填埋场，但是会增加本来就经济紧张的村财政支出。在没有收益的情况下，可以想象农民和村委员会是不可能支出足够费用来进行垃圾收集和运输的，即便出台政策，其执行效率也是非常低的。因此

可以采用最简单的定点定期收集方式，每隔一定时间，在固定地点设定收集车辆，由各户自行送到指定地点，然后运输走，这样能最大限度减少成本，同时达到收集目的。对于经济落后村的粪便问题，由于一般落后村都是自家设有简单的粪便池，没有排出系统和专人定时转运，因此常常溢出或者渗入地下水，污染水源。对于这类问题，可以设立公共厕所，指定专人定时收集，并运到附近农田用做肥料，充分利用其靠近农田的这一优势；而且此举符合农村发展趋势，随着生活水平的提高，必然对环卫提出更高要求，自家设立的厕所必然会被淘汰。另外，也可大力提倡这部分地区修建小型的化粪池或厌氧发酵池，此举既可解决各家各户的粪便问题，同时所产生的沼气还可进一步利用；减少这部分粪便污染的同时，也改变了传统的烧秸秆烧树枝等高污染的做饭、取暖方式，从而实现废物的综合利用。

对于经济比较发达的乡镇，由于生活水平相对较高，产生的垃圾量必然有较大涨幅，特别对于江南和沿海一带乡镇，其发展规模已经和城市相近，整体财政收入可以满足建立和维持生活垃圾收集和运输系统的运行，因此其垃圾收集和运输系统须经过科学规划。可以采用与城市生活垃圾相近的收集和运输模式。聘请有关专家，制定本乡镇发展生活垃圾处理处置规划，并根据处理处置方案，制定最优的收集方案和收集路线，必要时可以与邻近的乡镇联合起来建立联合收集运输系统。

科学的乡镇垃圾清运处理设施规划应该建立在对乡镇垃圾产量、物理构成和物化特性现状以至未来预测的基础上，并采用系统工程的方法。

一个长期的乡镇垃圾清运处理设施规划包括：①为乡镇垃圾再循环、处理或者处置建立的设施；②建立这些设施的地点和时间；③设计的容量。只有这样才能符合乡镇发展趋势，既满足乡镇当前的需要，也能够适应乡镇将来的发展变化，真正提高农村生活水平，为农民服务。

在提出多个可行方案后，必须在这些方案之间进行考核和技术评估。考虑因素有政治、成本、环境影响、技术可靠性和可行性、垃圾产量和性质的未来不确定性。在对所有方案进行评估后，最终根据评估结果确定实施方案。

二、农村生活垃圾的收集和运输模式

1. 基本模式

基本模式以村为基础、镇为枢纽、县为中心的农村生活垃圾收集运输处理系统，即“村庄收集—乡镇中转—县城处置”模式，形成村、镇、县三级垃圾处理作业链。

（1）建立垃圾收集站，由村里负责将各家农户产生的垃圾进行定时定点集中收集，并运输至乡镇中转站。瓜皮、菜叶等易腐烂的生活垃圾由当地经简易堆肥后农用。村里环卫保洁、环卫设施建设、环卫设备配置、垃圾运输处理费用等主要由村集体资金解决。

（2）建立乡镇垃圾中转站，由镇一级负责周边若干个村的垃圾中转处理，并运输至县城垃圾处理中心。对纸类、塑料、废金属等可回收物由当地废品回收站处理。垃圾中转设施建设、垃圾转运设备配置、环卫作业人员主要由乡（镇）政府解决，垃圾中转费用向各村收取。

（3）建立县级垃圾处理中心，由县级政府部门负责根据各县经济发展、土地资源和垃圾成分组成等实际情况建立垃圾卫生填埋场或垃圾焚烧场等，作为垃圾最终无害化处理场所。建设垃圾无害化处理场及所需建设资金，主要由县、镇两级政府通过财政投入或引进民资解决，日常垃圾处理费用由相关各乡、镇、村，按垃圾处理量支付。

2．园区模式

园区模式是以企业为基础、园区为枢纽、县为中心的农村园区垃圾收集运输处理系统，即“企业收集—园区中转—县城处置”模式，形成企业、园区、县城三级垃圾处理作业链。

（1）企业建立垃圾收集房，由企业负责配设生活垃圾容器或容器间，由产业园区组织专门垃圾收集人员和车辆，向企业或园区或住户的定时定点进行垃圾收集，并送至产业园区垃圾中转站，垃圾收集及垃圾处理费用由企业承担。

（2）建立园区垃圾中转站，由园区负责企业垃圾的收集和中转运输，也可吸纳周边若干邻近村庄的垃圾中转处理，并运输至县城垃圾处理中心。垃圾中转设施建设、垃圾转运设备配置、环卫作业人员主要由园区管委会负责解决，垃圾中转费用向各企业、住户和村庄收取。

（3）建立县级垃圾处理中心，由县级政府建设垃圾无害化处理场。其建设资金，主要由县、镇两级政府和产业园区管委会负责解决，或通过引进民资进行建设，日常垃圾处理费用由相关各园区、乡镇、村、企业按垃圾处理量支付。

3．园区村庄混合模式

园区村庄混合模式是以村为基础、以产业园区为中心的园区周边农村生活垃圾收集运输处理系统，即“村庄收集—产业园区处理”模式，形成村、园区两级垃圾处理作业链。

产业园区附近乡镇、村庄的生活垃圾由乡镇或村里负责集中收集后统一运至产业园区内处置点，利用园区内企业的技术、工艺、设备设施等优势，对生活垃圾进行无害化处理。垃圾处理费用可以按照成本原则由相关各乡、镇、村，按垃圾处理量支付给处置企业。

4. 跨行政区域治理模式

跨行政区域治理模式是以村为基础、以乡镇为枢纽、以非隶属县城为中心的跨行政区域农村生活垃圾收集运输处理系统，即“村庄收集—乡镇中转—邻近县城处置”模式，形成跨区域村、镇、县三级垃圾处理作业链。

收集运输处理系统由几个地区或者地方跨区域形成，由各村负责集中收集后统一运至中转站，由中转站所在地负责中转站建设运行。中转站建设费用由处理区域内乡镇共同承担，垃圾中转费用向各村收取。县城垃圾处理中心负责垃圾无害化处理，其建设资金由处理区域内各县、镇政府协调合作解决；日常垃圾处理费用由相关各乡、镇、村，按垃圾处理量支付。

除上述处理运行模式外，对一些距离县市乡镇比较远、农村住户比较分散的地区或地处偏远的山村的生活垃圾，则难以形成统一集中处理，应因地制宜，最大限度地采用就地处理利用方法，如可以采用有机垃圾堆肥、沼气发酵等生物处理和综合利用，从而减少收集运输成本。对地处城市边缘的城郊结合部，以及离城市较近、运距不远的农村生活垃圾，可以考虑纳入城市生活垃圾处理系统。城市基础设施在一定条件下共同享用则经济效益更好，社会资源配置更合理。

第四节　农村生活垃圾处理技术比选

一、农村生活垃圾处理的常规技术

（一）卫生填埋

农村生活垃圾的最终处置方法是将经过焚烧或其他方法处理后的残余物送到填埋场进行卫生填埋。其原理是采取防渗、铺平、压实、覆盖等措施将垃圾埋入地下，经过长期的物理、化学和生物作用使其达到稳定状态，并对气体、渗沥液、蝇虫等进行治理，最终对填埋场封场覆盖，从而将垃圾产生的危害降到最低。

（二）焚烧

农村生活垃圾中的废塑料等可燃成分较多，具有很高的热值，采用科学合理的焚烧方法是完全可行的。焚烧处理是一种深度氧化的化学过程，在高温火焰的作用下，焚烧设备内的生活垃圾经过烘干、引燃、焚烧 3 个阶段转化为残渣和气体（CO_2、SO_2 等），可经济有效地实现垃圾减量化（燃烧后垃圾的体积可减少 80%～95%）和无害化（垃圾中的有害物质在焚烧过程中因高温而被有效破坏）。经过焚烧后的灰渣可作为农家肥使用，同时可将产生的热量用于发电和供暖。

（三）堆肥

农村生活垃圾中有机组分（厨余、瓜果皮、植物残体等）含量高，可采用堆肥法进行处理。堆肥技术是在一定的工艺条件下，利用自然界广泛分布的细菌、真菌等微生物对垃圾中的有机物进行发酵、降解使之变成稳定的有机质，并利用发酵过程产生的热量杀死有害微生物达到无害化处理的生物化学过程。按运动状态可分为静态堆肥、动态堆肥以及间歇式动态堆肥；按需氧情况分为好氧堆肥与厌氧堆肥两种。其中与厌氧堆肥相比，好氧堆肥周期短、发酵完全、产生二次污染小但肥效损失大、运转费用高。

（四）综合利用

综合利用是实现固体废物资源化、减量化的最重要手段之一。在生活垃圾进入环境之前对其进行回收利用，可大大减轻后续处理处置的负荷。综合利用的方法有多种，主要分为以下 4 种形式：再利用、原料再利用、化学再利用、热综合利用。在农村生活垃圾处理过程中，应尽量采取措施进行综合利用，以达到垃圾减量化、保护环境、节约资源和能源的目的。根据农村生活垃圾的特点，建议农村垃圾应分类收集、分类处理。

二、农村生活垃圾处理新技术的发展

（一）蚯蚓堆肥法

蚯蚓堆肥是指在微生物的协同作用下，蚯蚓利用自身丰富的酶系统（蛋白酶、脂肪酶、纤维酶、淀粉酶等）将有机废弃物迅速分解、转化成易于利用的营养物质，加速堆肥稳定化过程。蚯蚓种类繁多，但应用于生活垃圾堆肥处理的主要集中在正蚓科和巨蚓科的几个属种。用蚯蚓堆肥法处理农村生活垃圾工艺简单、操作方便、费用低廉、资源丰富、无二次污染，而且处理后的蚓粪可作为除臭剂和有机肥料，蚯蚓本身又可提取酶、氨基酸和生物制品。蚓粪用于农田对土壤的微生物结构和土壤养分可产生有益的影响，能提高作物（如草莓）的产量和生物量以及土壤中的微生物量。蚯蚓堆肥法具有的上述优点，使该技术在农村地区的应用具有广阔的前景。

（二）太阳能—生物集成技术

该技术是利用生活垃圾中的食物性垃圾自身携带的菌种或外加菌种进行消化反应，应用太阳能作为消化反应过程中所需的能量来源，对食物性垃圾进行卫生、无害化生物处理。在处理过程中利用垃圾本身所产生的液体调节处理体的含水率，不但能够强化厌氧生物量，而且能够为处理体提供充足的营养，从而加速处理体的稳定，而在处理过程中产生的臭气则可经脱臭后排放。当阴雨天或外界气温较低时，它能依靠消化反应过程中产生的能量来维持生物反应的正常进行。它可实现农村生活垃圾中的可堆腐物转变为改良土壤的有机肥料。处理完成的食物性生活垃圾体积减小 80%以上并可产生生物肥腐熟性有机物作为有机肥使用，既可大幅度减少农村生活垃圾的清运量，又可变废为宝，使资源得到再生利用。

（三）高温高压湿解法

农村生活垃圾湿解是在湿解反应器内，对农村生活垃圾中的可降解有机质用温度为 433～443 K、压力为 0.6～0.8 MPa 的蒸汽处理 2 h 后，用喷射阀在 20 s 内排出物料，同时破碎粗大物料并闪蒸蒸汽，再用脱水机进行液固分离。湿解液富含黄腐酸，可用于制造液体肥料或颗粒肥料。脱水后的湿物料可用干燥机烘干至水分小于 20%，过筛，粗物料再进行粉碎。高温高压湿解的固形物质可作为制造有机肥的基料，湿解基料富含黄腐酸。高温高压水解法处理农村生活垃圾由垃圾分选系统、垃圾水解系统、垃圾焚烧系统和制肥自动控制系统组成，具有垃圾分选效果好、运行成本低、有机物利用率高、无须添加酸性催化剂和避免对环境产生二次污染等优点。这说明了高温高压水解法处理农村生活垃圾具有可行性。

（四）垃圾衍生燃料

垃圾衍生燃料一般指生活垃圾经破碎、筛选出不燃物后所得到的以废塑料、纸屑等可燃物为主体的废弃物，或将可燃废弃物进一步粉碎、干燥成型而制得的固体燃料。其具有如下优点：①较高的热值、均匀的燃烧特性；②能量回用、综合效率高；③烟气中重金属含量低、烟气净化成本低、灰分少，可进一步减少处理费用。

（五）气化熔融处理技术

该技术将生活垃圾在 450～600℃的热解气化和灰渣在 1 300℃以上熔融两个过程有机地结合起来。农村生活垃圾先在还原性气氛下热分解制备可燃气体，垃圾中的有价金属未被氧化，有利于回收利用，同时垃圾中的 Cu、Fe 等金属不易生成促进二噁英类形成的催化剂；热分解气体燃烧时空气系数较低，能大大降低排烟量，提高能量利用率，降低 NO_x 的排放量，减少烟气处理设备的投资及运行费用；含碳灰渣在高于 1 300℃以上的高温下熔融燃烧，能抑制二噁英类毒性物的形成，熔融渣被高温消毒可实现再生利用，同时能最大限度地实现垃圾减容、减量。

气化熔融处理技术具有彻底的无害化、显著的减容性、广泛的物料适应性、高效的能源与物资回收性等优点，但要求农村生活垃圾必须具有较高的热值（大于 6 000 kJ/kg）。随着农村生活水平的提高，生活垃圾热值也在提高，在未来农村生活垃圾的处理中该技术将占据一席之地。

三、几种农村生活垃圾处理技术的比较

表 5-3 总结了几种典型的农村生活垃圾处理技术的技术要素，并进行了优缺点比较。本书介绍的几种处理技术都可不同程度地应用于农村生活垃圾的处理处置。每种技术都有其自身的特点及实用性，因此最终的选择取决于各种各样的因素（如技术因素、经济因素、政治因素、环境因素等），其中很多因素都依赖于当地条件。

表 5-3　几种农村生活垃圾处理技术的比较

处理技术	技术要素	优点	缺点
填埋法	农村生活垃圾特征、场地地质条件、土壤、气候条件等	工艺较简单，投资少，可处理大量农村生活垃圾，也可处理焚烧、堆肥等产生的二次污染物	垃圾减容少，占用土地面积大，产生的气体和挥发性有机物量大，并对土壤和地下水存在长期的潜在威胁
焚烧法	搅动程度、垃圾含水率、温度和停留时间、燃烧室装填情况、维护和检修	体积和重量显著减少，运行稳定以及污染物去除效果好，潜在热能可回收利用	处理费用较高，操作复杂，产生二次污染
堆肥法	有机质含量、温度、湿度、含氧量、pH、碳氮比	工艺较简单，适于易腐有机生活垃圾的处理，处理费用较低	占地较多，对周围环境有一定的污染，堆肥质量不易控制

处理技术	技术要素	优点	缺点
蚯蚓堆肥法	蚯蚓种类、垃圾碳氮比、温度、湿度、有毒有害物质、蚯蚓投加密度	工艺简单，不需要特殊设备，投资较少，没有二次污染，处理后的蚓粪、蚓体可利用	在国内外主要用于处理城市生活垃圾，对农村生活垃圾的处理方式和技术较少涉及
太阳能一生物集成技术	垃圾分类、食物垃圾组成及特征、温度和光照	绿色、节能、环保；垃圾减容率高，处理过程中产生的臭气经脱臭后排放，无二次污染，投资少	主要针对食物性垃圾，需要进一步加强研究开发工作
高温高压湿解法	垃圾组成、有机垃圾水解性	垃圾减量化大，处理时间短，生产出的有机肥质高	投资较高，工艺较复杂
垃圾衍生燃料	农村生活垃圾的组成、状态	既可回收热能，节约资源，又可减少土地占用面积，运输、储存方便	制备过程产生噪声、粉尘，燃烧过程产生有害气体和温室气体，灰渣中残留重金属等有害物质
气化熔融处理技术	农村生活垃圾组成、热值	充分利用生活垃圾自身能量，辅助热源消耗低，成本低、二噁英类排放低，减容、减量显著	目前较少用于农村生活垃圾处理，要求农村生活垃圾的热值高于 6 000 kJ/kg

目前，针对我国农村生活垃圾的处理处置方式，一般多采用填埋、堆肥等，或几种技术相结合，形成综合处理处置方案。可以说具体采用什么样技术路线主要受三个条件的限制。①所要处理的固体废物的性质。例如有机物含量高，适宜采用堆肥发酵；可燃物组分含量高，适宜采用焚烧方法。②当地的经济条件。采用何种处理处置方式受到当地财政收入的限制，对于一个内地的穷县，即便垃圾可燃组分高，也无法采用先进的焚烧技术和维持其运行，必然还是采用成本低廉的填埋或者其他方法，而不能不顾现实条件的限制采用高成本的处理技术。③市场的约束。如果产生固体废物可以产生经济效益，必然可以纳入市场体系，由市场提供资金，政府只需要进行管理，这可以很大程度上减轻政府负担；如果处理处置固体废物不产生经济效益，则必然是公益事业，要由政府出面并出资，必然降低工作效率，增加管理者负担，因此市场也是一个决定因素。

农村生活垃圾处理路线一般有如下几种：

①当垃圾中有机组分比较多时处理路线见图 5-2。

②当可燃物比较多且经济条件允许时，垃圾处理路线见图 5-3。

③对于经济比较落后、垃圾产量较少、可利用成分较少的村镇，可以采用最简单收集处理路线，收集填埋。

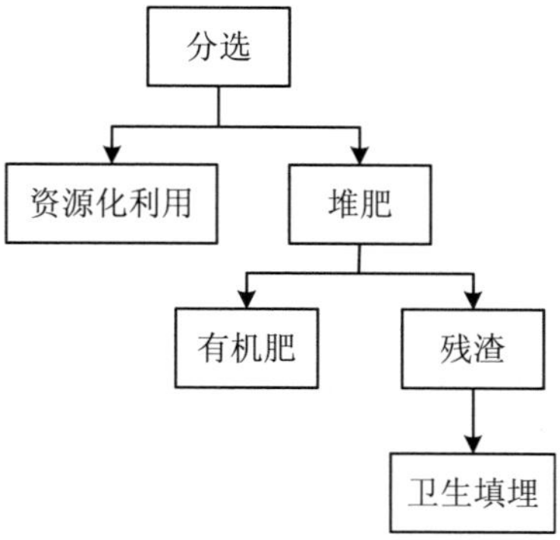

图 5-2 生活垃圾处理路线①

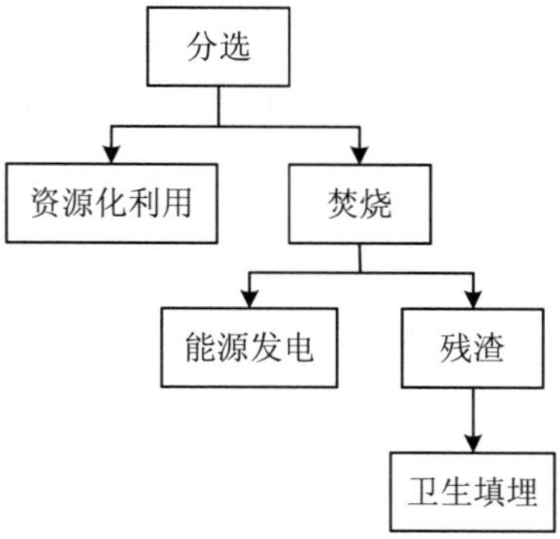

图 5-3 生活垃圾处理路线②

不同的收集路线有不同的优缺点，必须根据实际情况因地制宜地进行选择。例如路线①的优点是可较好地实现资源化，同时产生天然肥料，减少人造化肥的使用，进一步保护了环境；缺点是受市场和农民使用习惯的影响，由于堆肥技术的不成熟，产生肥料肥效不高，且相对于人造化肥较脏、体积大，一般农民不爱使用，因此生产出来的肥料往往堆积在仓库里面，还不如简单填埋掉。路线②可较好地回收能源，且产生的垃圾残渣较少，代表了乡镇发展方向，但是其建造和运行成本较高，对于整体经济落后的农村来说，不具有典型性，可被沿海以及相对富裕的乡镇采用；路线③没有实现资源化和能源化，不代表乡镇发展方向，但是处理成本低，处理方式简单，相对较为落后的地区可以采用。

对于生活垃圾，各个国家都有自己的处理处置方式。主要原因是各个国家的生活水平和生活方式的区别。表 5-4 是发达国家和发展中国家不同生活垃圾处置方式所占的比例。

表 5-4 不同生活垃圾处置方式的比例

国家或地区	填埋	焚烧	堆肥
发达国家	50～60	18～34	6～10
发展中国家	60～65	＜5	25～30

由于发达国家的生活水平较高，土地的利用率高，而堆肥占地面积相对较大，因此生活垃圾堆肥处理的方式应用得较少。同时，发达国家的焚烧技术较先进，且垃圾中热值高，有利于焚烧处理。而发展中国家的生活垃圾焚烧处理很少，技术也相对落后。在一些发展中国家，经常可以看到，农村地区未经任何处理、未使用任何设备，就在路边或河边直接焚烧生活垃圾，对环境造成了极大的污染。

第五节 农村生活垃圾填埋技术

这里单独将农村生活垃圾填埋技术提出，主要是因为目前我国在处理农村生活垃圾中，卫生填埋占了主导地位，并且针对我国国情，农村生活垃圾在处理处置上，一段时期内仍将以卫生填埋为主，并且是很多地区发展的方向。但卫生填埋如处理不好、前期建设和后期管理不到位，则很容易造成二次污染，并带来极大的风险。

一、填埋物

生活垃圾填埋场的填埋物应是下列生活垃圾：

①居民生活垃圾；

②商业垃圾；

③集市贸易市场垃圾；

④街道清扫垃圾；

⑤公共场所垃圾；

⑥机关、学校、厂矿等单位的生活垃圾。

另外，填埋物中严禁混入危险废物和放射性废物。

一般情况下，填埋物应按重量吨位进行计量、统计与校核。且填埋物含水量、有机成分、外形尺寸应符合具体填埋工艺设计的要求。

二、填埋场选址

填埋场选址应先进行下列基础工作：

（1）如所在县、乡内有总体规划和区域环境规划，则需进行收集，并尽可能收集环境卫生专业规划及相关规划；

（2）分析土地利用价值及征地费用，场址周围人群居住情况与公众反映，填埋气体利用的可能性；

（3）收集地形、地貌及相关地形图，分析土石料条件；

（4）测量工程地质与水文地质；

（5）收集洪泛周期（年）、降水量、蒸发量、夏季主导风向及风速、基本风压值等基本气象资料；

（6）分析道路、交通运输、给排水及供电条件；

（7）分析本地区拟填埋处理的垃圾量和性质，服务范围和垃圾收集运输情况；

（8）考察污水处理现状及规划资料；

（9）考察电力和燃气现状及规划资料。

除此之外，填埋场不应设在下列地区：

（1）地下水集中供水水源地及补给区；

（2）洪泛区和泄洪道；

（3）填埋库区与污水处理区边界距居民居住区或人畜供水点 500 m 以内的地区；

（4）填埋库区与污水处理区边界距河流和湖泊 50 m 以内的地区；

（5）填埋库区与污水处理区边界距民用机场 3 km 以内的地区；

（6）活动的坍塌地带，尚未开采的地下蕴矿区、灰岩坑及溶岩洞区；

（7）珍贵动植物保护区和国家、地方自然保护区；

（8）公园，风景游览区，文物古迹区，考古学、历史学、生物学研究考察区；

（9）军事要地、基地，军工基地和国家保密地区。

另外，填埋场选址应符合现行国家标准《生活垃圾填埋污染控制标准》（GB 16889—2008）和相关标准的规定，并应符合下列要求：

（1）当地城市总体规划、区域环境规划及城市环境卫生专业规划等专业规划要求；

（2）与当地的大气防护、水土资源保护、大自然保护及生态平衡要求相一致；

（3）库容应保证填埋场使用年限在 10 年以上，特殊情况下不应低于 8 年；

（4）交通方便，运距合理；

（5）人口密度、土地利用价值及征地费用均较低；

（6）位于地下水贫乏地区、环境保护目标区域的地下水流向下游地区及夏季主导风向下风向；

（7）选址应有建设项目所在地的建设、规划、环保、环卫、国土资源、水利、卫生监督等有关部门和专业设计单位的有关专业技术人员参加。

最后，填埋场选址应按下列顺序进行：

（1）场址候选

在全面调查与分析的基础上，初定 3 个或 3 个以上候选场址。

（2）场址预选

通过对候选场址进行踏勘，对场地的地形、地貌、植被、地质、水文、气象、供电、给排水、覆盖土源、交通运输及场址周围人群的居住情况等进行对比分析，推荐 2 个或 2 个以上预选场址。

（3）场址确定

对预选场址方案进行技术、经济、社会及环境比较，推荐拟定场址。对拟定场址进行地形测量、初步勘察和初步工艺方案设计，完成选址报告或可行性研究报告，通过审查确定场址。

三、填埋场的地基与防渗系统

（1）填埋场必须进行防渗处理，防止对地下水和地表水的污染，同时还应防止地下水进入填埋区。

（2）天然黏土类衬里及改性黏土类衬里的渗透系数不应大于 1.0×10^{-7} cm/s，且场底及四壁衬里厚度不应小于 2 m。

（3）在填埋库区底部及四壁铺设高密度聚乙烯（HDPE）土工膜作为防渗衬里时，膜厚度不应小于 1.5 mm，并应符合填埋场防渗的材料性能和现行国家相关标准的要求。

（4）人工防渗系统应符合下列要求：

1）人工合成衬里的防渗系统应采用复合衬里防渗系统，位于地下水贫乏地区的防渗系统也可采用单层衬里防渗系统；在特殊地质和环境要求非常高的地区，库区底部应采用双层衬里防渗系统。

2）复合衬里应按下列结构铺设：

①库区底部复合衬里结构（图 5-4）。包括：基础；地下水导流层，厚度应大于 30 cm；膜下防渗保护层，黏土厚度应大于 100 cm，渗透系数不应大于 1.0×10^{-7} cm/s；HDPE 土工膜；膜上保护层；渗沥液导流层，厚度应大于或等于 30 cm；土工织物层。

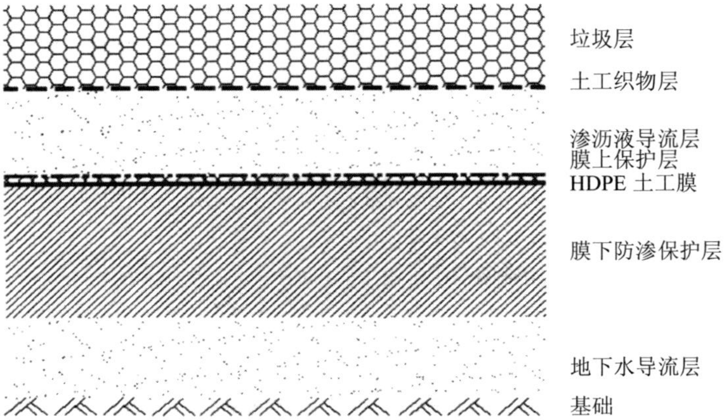

图 5-4 库区底部复合衬里结构

②库区边坡复合衬里结构（图 5-5）。包括：基础；地下水导流层，厚度应大于 30 cm；膜下防渗保护层，黏土厚度应大于 75 cm，渗透系数不应大于 $1.0×10^{-7}$ cm/s；HDPE 土工膜；膜上保护层；渗沥液导流与缓冲层。

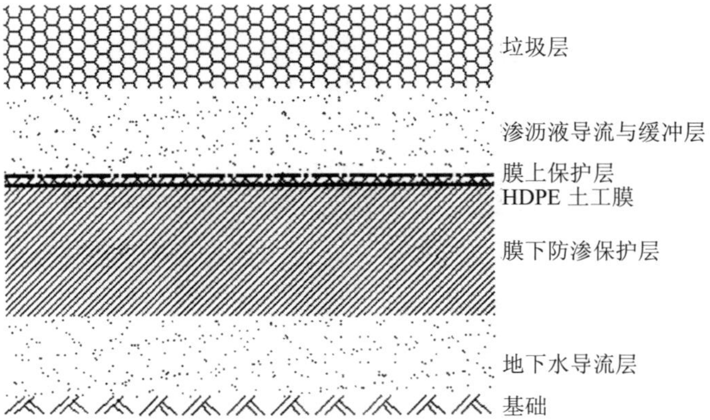

图 5-5　库区边坡复合衬里结构

3）单层衬里应按下列结构铺设：

①库区底部单层衬里结构（图 5-6）。包括：基础；地下水导流层，厚度应大于 30 cm；膜下保护层，黏土厚度应大于 100 cm，渗透系数不应大于 $1.0×10^{-5}$ cm/s；HDPE 土工膜；膜上保护层；渗沥液导流层，厚度应大于 30 cm；土工织物层。

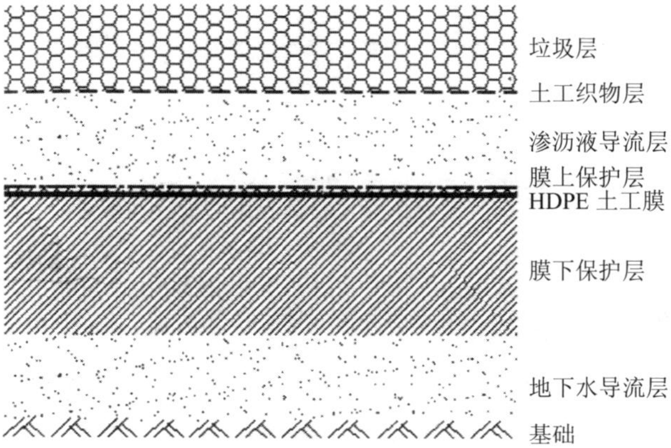

图 5-6　库区底部单层衬里结构

②库区边坡单层衬里结构（图 5-7）。包括：基础；地下水导流层，厚度应大于 30 cm；膜下保护层，黏土厚度应大于 75 cm，渗透系数不应大于 $1.0×10^{-5}$ cm/s；

HDPE 土工膜；膜上保护层；渗沥液导流与缓冲层。

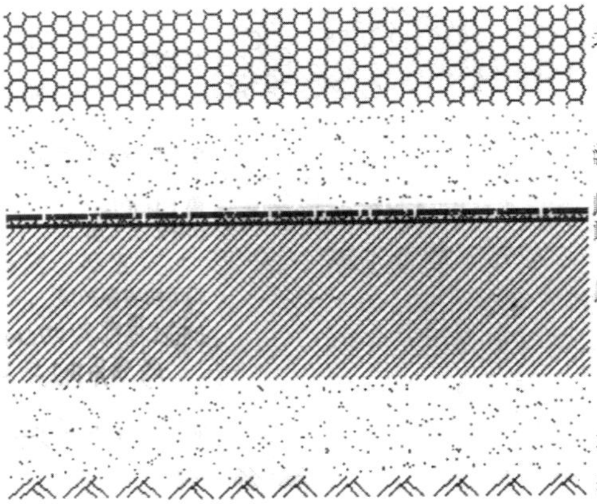

图 5-7 库区边坡单层衬里结构

4）库区底部双层衬里应按下列结构铺设（图 5-8）。包括：基础；地下水导流层，厚度应大于 30 cm；膜下保护层，黏土厚度应大于 100 cm，渗透系数不应大于 1.0×10^{-5} cm/s；HDPE 土工膜；膜上保护层；渗沥液导流（检测）层，厚度应大于 30 cm；膜下保护层；HDPE 土工膜；膜上保护层；渗沥液导流层，厚度应大于 30 cm；土工织物层。

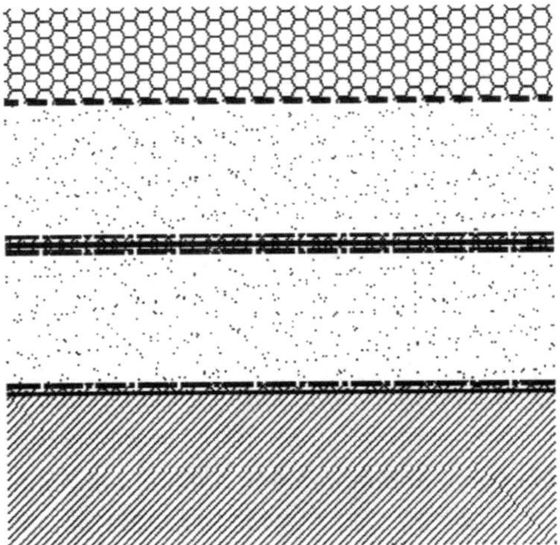

图 5-8 库区底部双层衬里结构

5）特殊情况下可采用钠基膨润土垫替代膜下防渗保护层。

（5）人工防渗材料施工应符合下列要求：

1）铺设 HDPE 土工膜应焊接牢固，达到强度和防渗漏要求，局部不应产生下沉拉断现象。土工膜的焊（粘）接处应通过试验检验。

2）在垂直高差较大的边坡铺设土工膜时，应设锚固平台，平台高差应结合实际地形确定，不宜大于 10 m。边坡坡度宜小于 1∶2。

3）防渗结构材料的基础处理应符合下列规定：

①平整度应达到每平方米黏土层误差不得大于 2 cm；

②HDPE 土工膜的膜下保护层，垂直深度 2.5 cm 内黏土层不应含有粒径大于 5 mm 的尖锐物料；

③位于库区底部的黏土层压实度不得小于 93%；位于库区边坡的黏土层压实度不得小于 90%。

（6）填埋库区地基应是具有承载填埋体负荷的自然土层或经过地基处理的平稳层，不应因填埋垃圾的沉降而使基层失稳。填埋库区底部应有纵、横向坡度，纵、横向坡度均宜不小于 2%。

四、填埋场的渗沥液收集与处理

（1）填埋库区防渗系统应铺设渗沥液收集系统，并宜设置疏通设施。

（2）渗沥液产生量和处理量应按填埋场类型、填埋库区划分和雨污水分流系统情况、填埋物性质及气象条件等因素确定。

（3）渗沥液收集系统及处理系统应包括导流层、盲沟、集液井（池）、调节池、泵房和污水处理设施等。

（4）盲沟宜采用砾石、卵石、碴石（$CaCO_3$ 含量应不大于 10%）、高密度聚乙烯（HDPE）管等材料铺设，结构应为石料盲沟、石料与 HDPE 管盲沟、石笼盲沟等。石料的渗透系数不应小于 1.0×10^{-3} cm/s，厚度不宜小于 40 cm。HDPE 管的直径干管不应小于 250 mm，支管不应小于 200 mm。HDPE 管的开孔率应保证强度要求。HDPE 管的布置宜呈直线，其转弯角度应小于或等于 20°，其连接处不应密封。

（5）集液井（池）宜按库区分区情况设置，并宜设在填埋库区外部。

（6）调节池容积应与填埋工艺、停留时间、渗沥液产生量及配套污水处理设施规模等相匹配。

（7）对集液井（池）、调节池及污水流经或停留的其他设施均应采取防渗措施。

（8）渗沥液应处理达标后排放。应优先选择排入城市污水处理厂处理方案，排放标准应达到《生活垃圾填埋场污染控制标准》（GB 16899—2008）中的三级指标。不具备排入城市污水处理厂条件时应建设配套完善的污水处理设施。

五、填埋场填埋气体导排与防爆

填埋场必须设置有效的填埋气体导排设施，填埋气体严禁自然聚集、迁移等，防止引起火灾和爆炸。填埋场不具备填埋气体利用条件时，应主动导出并采用火炬法集中燃烧处理。未达到安全稳定的旧填埋场应设置有效的填埋气体导排和处理设施。

填埋气体导排设施应符合下列规定：

（1）填埋气体导排设施宜采用竖井（管），也可采用横管（沟）或横竖相连的导排设施。

（2）竖井可采用穿孔管居中的石笼，穿孔管外宜用级配石料等粒状物填充。竖井宜按填埋作业层的升高分段设置和连接；竖井设置的水平间距不应大于 50 m；管口应高出场地 1 m 以上。应考虑垃圾分解和沉降过程中堆体的变化对气体导排设施的影响，严禁设施阻塞、断裂而使其失去导排功能。

（3）填埋深度大于 20 m、采用主动导气时，宜设置横管。

（4）有条件进行填埋气体回收利用时，宜设置填埋气体利用设施。

填埋库区除应按生产的火灾危险性分类中戊类防火区采取防火措施外，还应在填埋场设消防贮水池，配备洒水车，储备干粉灭火剂和灭火沙土。应配置填埋气体监测及安全报警仪器。

填埋库区防火隔离带应设安全防护设施及 8 m 宽度的防火隔离带，填埋作业区宜设防飞散设施。

填埋场达到稳定安全期前的填埋库区及防火隔离带范围内严禁设置封闭式建（构）筑物，严禁堆放易燃、易爆物品，严禁将火种带入填埋库区。

填埋场上方甲烷气体含量必须小于 5%；建（构）筑物内，甲烷气体含量严禁超过 1.25%。

进入填埋作业区的车辆、设备应保持良好的机械性能，应避免产生火花。

填埋场应防止填埋气体在局部聚集。填埋库区底部及边坡的土层 10 m 深范围内的裂隙、溶洞及其他腔型结构均应予以充填密实。填埋体中不均匀沉降造成的裂隙应及时予以充填密实。

对填埋物中可能造成腔型结构的大件垃圾应进行破碎。

六、卫生填埋环境保护

填埋场环境影响评价及环境污染防治应符合下列规定：

（1）在对填埋场工程建设项目进行可行性研究的同时，必须对建设项目的环境影响做出评价；

（2）填埋场工程建设项目的环境污染防治设施，必须与主体工程同时设计、同时施工、同时投产使用。

填埋场应设置地下水本底监测井、污染扩散监测井和污染监测井。填埋场应进行水、气、土壤及噪声的本底监测及作业监测，封场后应进行跟踪监测直至填埋体稳定。监测井和采样点的布设、监测项目、频率及分析方法应按现行国家标准《生活垃圾填埋场污染控制标准》和《生活垃圾填埋场环境监测技术要求》（GB/T 18772—2008）执行。

填埋场环境污染控制指标应符合现行国家标准《生活垃圾填埋场污染控制标准》的要求。

填埋场使用杀虫灭鼠药剂应避免二次污染。作业场所宜洒水降尘。

填埋场应设道路行车指示、安全标识、防火防爆及环境卫生设施设置标志。

第六节　工程实例

在我国广大农村地区，生活垃圾随意丢弃的情况非常普遍，见图 5-9。农村生活垃圾大多丢弃在河边或道路两侧，但在某些农村地区，生活垃圾已经实现卫生填埋或集中收集。

图 5-9　农村生活垃圾

【案例一】沈阳市周边农村生活垃圾填埋场

2008 年，新民市梁山镇的生活垃圾填埋场竣工投产。生活垃圾填埋场投资 4 400 万元，总占地面积 308 亩[①]，设计使用年限 12 年，日处理垃圾能力 400 t，库总容量 1 000 万 m^3，各类建筑面积 710 m^2，办公楼、车库、职工食堂、浴室等附属设施配套齐全。

该生活垃圾填埋场服务范围覆盖城区和柳河以西梁山、柳河沟等 6 个乡镇。它的建成和投入使用，不仅从根本上消除了沈阳市原垃圾填埋场毗邻城区水源地、没有相应处理措施、市民饮用水水源面临污染的严重危机，而且将极大改善新民城区及周边地区生活垃圾粗放管理和落后处理的状况，是沈阳市提升城市功能和承载发展能力的重要支撑，是美化城乡环境、建设人与自然和谐的社会主义新农村的科学实践，是打造生态新民的惠民工程。

据沈阳市建委相关同志介绍，按照《沈阳市创建国家生态市工作实施方案》要求，到 2012 年沈阳市农村生活垃圾无害化处理率要达到 90%。为此，沈阳市除了扩大大兴和老虎冲两座垃圾场处理能力、就近接收大多数郊区生活垃圾外，还需要在三市一县建设 12 座垃圾处理场及若干垃圾转运站。自 2007 年以来，沈阳市已在新民市的大民屯镇、梁山镇，辽中县的潘家堡镇，法库县的法库镇，康平县的康平镇建成 5 座生活垃圾填埋场，2010 年计划再建 2～3 座。

沈阳市农村地区国土面积 12 795 km^2。划为 6 区（含张士、棋盘山开发区）1 市 3 县，61 个建制镇、54 个乡，1 534 个中心村，人口 214 万人（含县城）。随着农民生活水平的提高，生活垃圾产生量不断增长，同时农村各类企业的增加和设施农业的发展也使农村垃圾的来源更加广泛，成分更加复杂。

通过实际调查得知，沈阳市乡村每人每天垃圾产量为 1.12 kg，县城每人每天垃圾产量 1 kg。全市农村地区日产生活垃圾 3 223 t，每年合计约 118 万 t。

2007 年以前，沈阳市农村没有符合标准的生活垃圾处理设施，“垃圾靠风刮、污水靠蒸发”是农村垃圾处理中较为普遍的现象。垃圾排放多为填沟、填坑、沿河排放和露天堆放，严重污染了农村环境。

研究表明：该地区农村生活垃圾有机物含量多，水分大，同时掺杂化肥、农药等与农业生产有关的废弃物，有害性一般大于城市生活垃圾。农村生活垃圾如果不加以重视，不但影响新农村的经济发展及地区生态环境保护，而且有可能形成新的垃圾围城，其危害是显而易见的。农村生活垃圾的无序排放对城乡环境和

---

① 1 亩=666.67 m^2。

农村群众身体健康都造成了极大威胁，广大农村迫切需要安全、卫生、无害化的垃圾处理设施。

2005 年，沈阳市提出了建设“国家生态市”和“生态样板城”的目标，加快了农村生活垃圾处理设施建设的步伐。

2007 年沈阳市建委村镇建设办公室联合沈阳市环境卫生工程设计研究院开展了市农村生活垃圾处置现状及对策研究，基本摸清了沈阳市农村生活垃圾的产量、特点以及适合的垃圾处理方式等问题，提出了卫生填埋场和转运站相结合、农村新建处理设施和城市现有垃圾场扩容相结合、垃圾处理与可再生资源利用相结合的规划和建设思路。

2009 年结合三县一市垃圾收集的情况沈阳市分别在新民前当堡镇、兴隆堡镇、辽中杨士岗镇、法库柏家沟镇、康平北四家子乡建设了 5 座垃圾转运站，集中周边村镇的生活垃圾，统一送往垃圾场集中填埋。作为一市三县首批建设的 5 座垃圾转运站，目前已投入使用。

为了能使垃圾场达到“用好、管好”，有效地发挥作用，采用由三县一市的环卫部门统一管理的方式。沈阳市统一给垃圾场和转运站配备了专用设备，以解决收集、运输、填埋等问题。

除必要的设施和条件外，沈阳市在农村的垃圾管理上更主要的是加强居民的环保意识，加大环保的宣传力度，提高各级干部和广大农民群众的环保意识和使其逐步养成文明健康的生活习惯，利用现有的各种宣传工具引导广大农民逐步改变，争取从根本上解决农村环境问题。

【案例二】农村环保“浏阳模式”解析

1. 环保行动向农村推进

浏阳是养殖大市，养殖污染占整个农业污染的比例高达 60%。每平方公里环境负荷高出全省平均水平数倍。过去，农村环保一度滞后，“垃圾靠风刮、污水靠蒸发”。

在环保行动向农村推进后，情况有了很大改观。如浏阳市三口镇：该镇实施农村垃圾“分类减量、上户收集、政府补助、公司运营”。全镇各村每户农户配有 3 个不同颜色的塑料垃圾分类桶；各村选举产生“乡村清洁工程户主理事会”，负责本村乡村清洁工程的组织实施。每户每月交纳保洁费 5 元，由理事会聘请 2 到 3 名保洁员，每名保洁员承担不少于 300 户的保洁任务和垃圾分类指导监督。保洁员自配垃圾清运车，每两天一次上门收集垃圾。镇里成立为民农村保洁服务公司，以略高于社会废品收购站的价格回收废品，推进农村保洁像城市一样管理。

村民将果皮、剩菜堆沤后回田做有机肥，旧电池、碎玻璃等不可降解垃圾卖给村垃圾收购点，实现了“垃圾能卖钱、污水能肥田”。

浏阳将“三口做法”向全市推广，开展“新农村、新环保、新生活”活动，制定了《城乡生态环境一体化实施意见》，环保、财政、农业、建设等部门及各乡镇上下联动、协调行动。出台政策鼓励农村环境综合整治到乡镇、到村、到户。对达到农村固体垃圾无害化处置建设资金补助条件，人口规模2万人以下、2万～3万人、3万～4万人、4万～5万人、5万人以上的五类乡镇，分别给予30万元、35万元、40万元、45万元、50万元的一次性建设资金补助。对垃圾处置长年运行的村，每年补助运行资金1.2万元。2010年补助农村固体垃圾无害化处置乡镇33个，占长沙市9县（市、区）计划补助乡镇90个的36.7%，居长沙市首位。永安等18个乡镇垃圾中转站建成投产，已建设村垃圾收集站82个，农户垃圾收集池（桶）8 300个。

2．自我约束、村民自治——环保主体由农民担任

针对农村环境“有人怨、无人理”的现状，浏阳坚持政府主导、村民自治，充分发挥农民的环保主体作用。如在环保部门引导下，金塘村在全国创造了四个“第一”：第一个“村级环保规划”、第一个“环保村规民约”、第一个“村级环保促进会”、第一个“村级环保听证会”。村民民主制定的“村级环保规划”，划定禁养区、限养区、适养区。2009年4月，长安组村民余仁庭申请在家门口扩建一个存栏200头的猪场。村级环保促进会组织左邻右舍，召开“环保听证会”。因是限养区，申请设址下方不远处还有4口水井，与会的4户邻居一致反对，余仁庭的猪场扩建计划被“叫停”。在适养区，村里统一规划养殖小区，财政奖励补助100多万元，全村推广生物酶发酵“零排放”养殖技术，修建沼气池278个，大型污水处理池11处，实现污染物减量化、资源化和无害化。

村民环保自我教育、自愿投入、自觉约束、自我受益，激发出农村环境整治的持久动力。4年来，村里生猪存栏数、人均纯收入都翻了一番，而养殖污染则减半排放。

浏阳将金塘村自治经验推广全市，制定了《生猪养殖污染治理工作方案》，对完成污染治理的规模养殖场，按30～40元/m^2给予财政补助，将养殖污染治理目标任务分解落实到乡村、到人。目前，已完成规模在500头以上的养殖场（户）污染治理的有75家，占任务的43.6%，通过长沙市级验收；完成存栏500头以下、20头以上养殖场污染治理的有70家，3.8万m^2。

3．环保效益由城乡共享

浏阳成立乡镇污水处理厂建设领导小组，出台鼓励政策，明确乡镇污水处理厂可获得最高 345 万元/座的建设补助和 8 万元/（年·座）的运行补助资金。浏阳市环保部门及时沟通协调、检查督促，解决实施中的实际问题。已有官渡、张坊等乡镇完成污水处理主体工程；古港、官桥等大批乡镇已完成主体工程的 70%～90%。农村污水处理态势看好。

近年来，浏阳环保局加大对全市 24 家重点污染企业和 133 家一般污染企业的治理监管力度。现场监管企业 550 家，下达监察文书 408 份，责成停产整改企业 21 家，依法查处环境违法案件 30 起。完成了 6 家 COD、11 家 SO_2 减排项目的摸底和资料上报，计划年减排 COD 1 731.06 t、SO_2 346.0 t。实行“八不批”，严把审批关，有效地从源头上杜绝了污染项目。浏阳河再现碧水蓝天，经上级环保部门检测达饮用水标准，成为长沙 600 万人民生产生活的第二大洁净水源。

参考文献

[1] 殷丽萍．农村生活垃圾问题及对策[J]．云南环境科学，2006（25）：130-131.

[2] 边炳鑫．农业固体废物的处理与综合利用[M]．北京：化学工业出版社，2004：50-67.

[3] 邱才娣．农村中生活垃圾资源化技术及管理模式探讨[D]．浙江：浙江大学，2008，10-27.

[4] 王伦，伍松林．中国农村生活垃圾处理的现状与对策[J]．中国环境管理，2008（6）：3.

[5] 周孟津，张榕林，廉金印．沼气实用技术[M]．北京：化学工业出版社，2004：55-60.

[6] 杨天周．关于农村生活垃圾处置工作的实践与探讨[J]．污染防治技术，2007（5）：42-44.

[7] 李颖，许少华．我国农村生活垃圾现状及对策[J]．市政技术，2007（7）：62-63.

[8] 杨荣金，李铁松．中国农村生活垃圾管理模式探讨——三级分化有效治理农村生活垃圾[J]．环境科学与管理，2006，31（7）：82-86.

[9] 谢冬明．我国农村生活垃圾问题探析[J]．安徽农业科学，2009（37）：786-788.

[10] 管冬兴．我国农村生活垃圾处理技术探讨[J]．资源开发与市场，2009（25）：19-22.

[11] 褚巍．农村中生活垃圾管理与处置研究——基于合肥地区农村的调查[D]．合肥：合肥工业大学，2007，12-35.

[12] 何水晶，李启彬，等．新农村建设中的垃圾处理对策探讨[J]．农村经济，2007（12）：114-116.

[13] 楼斌．序批式生物反应器处理农村生活垃圾中试研究[D]．浙江：浙江大学，2008，1-21.

[14] 闵庆文，余卫东．我国城市垃圾及其处理的现状、问题与对策[J]．城市环境与城市生态，2002，15（6）：51-54.

[15] 谷震昭，张莲，张忠杰．固体废弃物焚烧处理法[J]．可再生能源，2003（6）：40-41.

[16] Payal Garg，Asha Gupta，SantoshSatya. Vermicomposting of Different Types of Waste Using

Eisenia foetida：A Comparative Study[J]. Bioresource Technology，2006，97：391-395.

[17] Arancon N Q，Edwards C A，Bierman P，et al. Influences of Vermicomposts on Field Stawberries：I. Effects on Growth and Yields[J]. Bioresource Technology，2004，93（2）：145-153.

[18] 刘志军，叶会华，王泽生．城市垃圾衍生燃料技术及其环境影响评价[J]．能源研究与利用，2007（4）：12-14.

第六章　农村污染综合治理模式与案例设计

农村污染属于复合型污染，多种污染源综合作用，因此其污染治理是一项系统工程。同时农村污染综合治理模式应适宜农村可持续发展的要求，成为农村、农业发展的重要组成部分，好的农村污染治理模式可以将农业生产、农民生活的各个环节有机结合起来，成为农村、农业可持续发展的推动力。本章根据农业、农村可持续发展理论，重点介绍农村污染低碳循环治理模式及案例设计。

第一节　农业可持续发展理论

一、农业可持续发展的概念

（一）农业可持续发展的提出

1987 年，世界环境与发展委员会发表了著名的报告《我们共同的未来》，该报告给出的可持续发展定义：满足当代人需要的同时，不损害后代人满足其自身需要的能力。引起了国际社会的广泛关注。1992 年里约环境与发展大会通过了关于环境与发展的《里约环境与发展宣言》《21 世纪议程》《联合国气候变化框架公约》《联合国生物多样性公约》等一系列文件。尤其是《21 世纪议程》，第一次把可持续发展问题由理论和概念推向行动，从而使可持续发展理念，在国际社会得到普遍的接受。里约会议以后，国际上可持续发展研究进入了一个更加活跃的时期。不仅在一般可持续发展领域进一步深入探讨其内涵、外延、原则、评价方法等，而且在部门可持续发展方面全面展开，其中农业与农村可持续发展因其涉及地域的广泛性和要素的多样性，在部门可持续发展中备受重视。

农业是自然再生产与经济再生产密切结合的生产部门，这种特点使得它在可持续发展理论与实践中居于十分重要的位置，可持续农业的研究对可持续发展研究的推动作用是巨大的，至今仍是最为活跃的研究领域之一。

从 20 世纪 80 年代中期开始，世界可持续农业理论与实践迅速发展。在发达国家，美国在探索替代农业的过程中，先后提出低投入持续农业（LISA）、高效率持续农业（HESA）和持续农业与教育法（SAKE）三种设想并积极实践，最后确定以“可持续农业研究教育法”作为发展持续农业的战略决策。法国针对集约农业对环境和自然资源的破坏及由此对农业持续性的影响，于 1988 年成立了全国环保型农业委员会，认为环保型农业可消除集约农业所产生的消极作用，是保护农村环境的有效途径。日本的嘉田良平博士于 1993 年出版了《环境保护与持续农业》，认为要通过资源的再利用和再生产，投入必要的最小限量的农药和化肥来保持地域资源与环境，确保一定的生产率和收益，提供更加安全可靠的食物。

在发展中国家，中国、墨西哥以及东南亚等国都开展了卓有成效的可持续农业理论与实践探索。在中国，早在 20 世纪 70 年代末期，生态经济学家叶谦吉就提出了农业发展应把三个效益（生态效益、经济效益、社会效益）统一起来的主张。这种生态农业思想在 20 世纪 90 年代以后以其显著的中国特色与世界可持续农业相融合。

1991 年 4 月联合国粮农组织在荷兰召开的农业与环境国际会议在充分讨论的基础上，发表了著名的《丹博斯宣言》。其重要意义不仅仅是给予可持续农业以新的完整定义，更重要的是进一步明确了可持续农业与农村发展（SARD）的概念，即把可持续农业（SAD）和农村发展（SRD）有机结合在一起。该宣言给出的 SARD 定义是：管理和维护自然资源基础，并实行技术变革和制度创新，以确保当代人和后代人对农产品的需求不断得到满足；这种发展能保护土地、水资源、植物和动物遗传资源，同时技术上适当，经济上可行，能够被社会所接受。它还提出了三个战略目标：第一，保障食物安全；第二，促进农村综合发展，增加农民收入，消除农村贫困；第三，合理利用、保护与改善自然资源，创造良好的生态环境。

（二）农村与农业可持续发展的内涵

首先，可持续发展强调发展的持续性、高效性、协调性和公平性。持续性、高效性、协调性和公平性是中国可持续农业和农村发展的基本原则。①持续性，即农业与农村发展的可持续性。它既强调了发展的必要性，又强调可持续农业与农村发展并不是单纯追求短期的经济增长，必须具有长远观点，既不能以牺牲发展能力为代价换取暂时的高速度，也不能以牺牲后代人的利益为代价来满足当代人的利益。②高效性，即农业与农村经济发展的高效性。它强调以发展为前提，不仅追求量的增长，更强调质的提高，强调以现代高新技术为基础，追求高产、优质、高效、低耗。③协调性，即农业和农村发展与资源、环境的协调性。它既强调农业的发展要以自然资源的可持续利用、生态环境的不断改善为前提，又强调农村经济与社会、环境的协调发展。④公平性，即农业与农村发展的“代际平等”与“代内平等”，它既强调当代人的公平，解决贫富差距悬殊、两极分化问题；又强调代际公平，要求当代人不要为自己的需求和发展而损害后代人满足其需要的自然资源和环境条件。

其次，可持续发展强调保持良性循环的农村经济和社会系统。可持续农业就是一个良性发展的生态农业系统，它要求降低能量、物质等农业资源的消耗强度，提高单位资源的生产能力；它要求所采用的一切农业措施应当具有维持农业系统的自动平衡机制，保证有效的能量流和物质流的健全运行；它要求注意总结当地的农业结构模式，使得这一类模式既能从自然的角度，也能从社会经济的角度，去体现最优的功能，或充分发挥其效益；它要求尽量通过内部调控去减少外部投入，即通过农业生物的生态补偿功能、农业生物的食物链关系和农业生物的还原能力等，去合理和有效地组织农业系统的整体生产。农业不仅是一个生态经济系统，也是一个投入产出的生产系统，受到自然生态和经济社会的影响，有着自下而上的层次，在不同层次上受不同的生态、经济和社会因素的影响。所以在说明农业的“持续性”与“不可持续性”时，就要考虑自然资源利用方式、农业生产活动的持续性以及隐含在农业生产活动中的人口因素、社会因素、市场因素、制度因素和技术因素的影响。

再次，可持续发展的中心内容是农业、农民与农村问题。“三农”问题始终是中国发展的核心问题。实践证明：没有持续发展的农业，就没有持续发展的工业；没有繁荣的农村，就没有繁荣的城市；没有农民的小康富裕，就没有全国人民的小康富裕。因此，任何时候都要重视“三农”问题，它是中国可持续农业与农村发展的中心内容。要以人为本，广泛发动农民参与，提高农民的参与意识和参与能力。农村的全面进步、发展和提高，是可持续农业与农村发展的客观要求。要用现代科学和现代工业武装各农村，用现代科学管理农村，建设现代化农业和第二产业、第三产业，实现农村经济和社会的全面繁荣，将农村变成经济发达、生活富裕、环境优美、文明健康的社会主义新农村。农民是农业、农村的主体，要重视解决农民问题，必须维护农民的主动性、积极性和创造性，必须维护农民的经济利益，保障农民的民主权利，加强对农民的引导和教育。

最后，可持续发展的最终目标是实现经济效益、社会效益和生态效益的统一。可持续农业与农村发展带来的效益，是经济效益、社会效益、生态效益相统一的综合整体效益。

农业生产是一种经济再生产和自然再生产的统一，农业生产对生态环境和自然条件具有很强的依赖性，农业的可持续发展就是要处理好人与自然的关系，维护自然资源的基础，维护资本的总储备，维护系统所依赖的环境资源和生态功能，实现资源的永续利用，提高农民收入和素质，实现农村社会的发展以及人与人之间（代内与代际）的公正、和谐，实现生态持续性、经济持续性和社会持续性的协调统一。

二、环境与农业可持续发展的关系

（一）农业可持续发展对环境系统产生影响

农业在发展过程中要利用一定量的资源，只要有资源被利用，就会产生环境问题。这是由于：一方面农业生产并不能将它所利用的资源全部转化为农业产出，必然会有一定量的副产品。限于经济、技术条件和人们的认识，有一些副产品不能被利用，而成为废弃物排入环境。而且农业发展水平越高，生产过程中所利用的资源量越大，技术水平如不能及时提高，资源转化效率会相应越低，投入到环境中的废弃物就会越多，这些废弃物对环境的改变作用也越大。环境通过各种各样的物理、化学、生物反应，容纳、稀释、转化这些废弃物，并由存在于大气、水体和土壤中的大量微生物将其中的一些有机物分解成为稳定的无机物，又重新进入不同元素的循环中，称为环境的自净作用、恢复能力或环境承载能力。环境的这种自净作用、恢复能力和环境承载能力是有限的，当农业发展产生的废弃物对环境的改变超过环境的自净作用、恢复能力和环境承载能力时，就会形成对环境的破坏，产生环境污染问题。另一方面，自然资源的补给和再生、增值都是需要时间的，一旦超过了极限，要想恢复是困难的，有时甚至是不可逆转的。

如森林具有涵养水土、储存二氧化碳、栖息动植物群落、提供林产品、调节区域气候等功能。过度砍伐使森林和生物多样性面临毁灭的威胁。森林采伐应不超过其可持续产量。土地利用过度而没有养护就会增加其退化速度。过度放牧、乱砍滥伐、开垦草地并进行连续耕作等，会造成植被破坏，地表裸露，加快风蚀或雨蚀。就全世界而言，过度放牧和不适当的旱作农业是干旱和半干旱地区发生荒漠化的主要原因。同样，干旱和半干旱地区的用水管理不善，引起大面积土地盐碱化。从亚太地区人类活动对土地退化的影响构成来看，植被破坏占 37%，过度放牧占 33%，不可持续农业耕种占 25%，基础设施建设过度开发占 5%。过度放牧、过度耕作和大量砍伐森林是土地荒漠化的主要原因。不合理的作物种植结构和大规模家禽畜饲养产生的废弃物等对水环境也会产生重要影响。可见，在农业可持续发展过程中，必然要利用环境系统提供的各种资源。随着我国人口的不断增加，农业发展速度不断提高，对各种资源的利用量也在不断增加，但是再生资源的开采量不应超过其生长量（不可再生资源的开采量必须及早考虑其替代品的允许生产量）；废物的排放量不应该超过当地的环境容量，否则就会引起严重的环境问题，甚至会导致环境系统的崩溃。

（二）环境系统为农业可持续发展提供资源，环境系统是农业可持续发展的重要保证

人类要生存，就要有衣食住行等一系列基本活动，而人类从事这些基本活动的物质保证来源于农业生产，农业生产所需要的各种原料无一不是来自自然环境。环境是人类从事农业生产的物质基础，环境整体及其各组成要素都是人类生存与发展的基础，以 2002 年为例，新疆全区动用耕地面积达 3 364 660 hm^2，新开荒地面积 20 110 hm^2；农业机械总动力 9 196 282 kW，化肥施用量 1 938 200 t，获得农林牧渔业总产值 3 304 681.16 万元，利用土地生产的粮食 875.87 万 t，谷物 849.48 万 t，棉花 150 万 t。所有上述的农业生产活动都是以环境提供的这些资源为原材料进行的。

（三）恶劣的环境系统对农业可持续发展有抑制作用

生态环境的急剧恶化使农村地区丧失资源开发的机会。随着农村经济的快速发展，农民的收入和生活水平都有了明显的提高，但农村的环境却成了一个日益突出的问题——居住环境脏、乱、差，饮用水体水质恶化，农民的生活质量下降。农村现在有上亿的人喝不上符合卫生标准的饮用水，每年有上亿吨的农村生活垃圾露天堆放。同时废、污水的排放，农药、化肥、塑料等的乱用滥弃，造成严重的空气、水体、土壤污染；对资源的不合理的开发利用，更是加重了自然灾害：森林乱砍滥伐、草场乱挖和过度放牧、荒地滥垦、矿藏私开乱采等加剧了水土流失，导致山体滑坡。于是，土地荒漠化、沙尘暴、泥石流、酸雨、洪涝等灾害频频发生。

由于工业发展和农业化学物质大量施用，农业土壤环境受到严重污染，危及农产品安全和人民健康。我国受农药污染的土壤高达 1.4 亿亩，重金属污染土壤超过 3 亿亩。我国每年生产的污染超标的农畜产品（包括粮、果、肉、蛋和奶等）达到 649.4 万 t，占调查总量的近 20%。据农业部 2000 年底对我国 14 个经济较发达的省会城市 2 110 个样品的检测，蔬菜中农药、重金属和亚硝酸盐分别超标 31.1%、23.5%和 12.1%。目前，我国农药单位面积用量比发达国家约高 1 倍，但农药利用率比发达国家低 10%～20%。据调查，我国自膳食中摄取的六六六是美

国的4倍、日本的15倍，DDT是澳大利亚的16倍。茶叶及粮食作物中有机氯、有机磷和菊酯类农药残留较普遍。另外，我国农业土壤中石油类、PAHs、PCBs等“三致”物质污染也日益加剧；20世纪70年代以来的情况表明，我国土壤PAHs污染已从μg/kg级上升到mg/kg级，检出率也从不到20%上升到80%以上。因此，为了保障农产品安全和人民健康，农业土壤污染的修复和控制迫在眉睫。环境恶化对农产品生产数量、品种、质量的影响必将波及农产品的加工和销售环节，使受污染的农产品丧失加工价值和销售。此外，就农产品市场的更大范围的扩展而言，农产品的出口意义日益凸显，而当今国际贸易中“绿色壁垒”越筑越高，各国对进口产品竞相制定越来越复杂而又严格的环保标准，其中以农产品为主要原料的食品的环境标准是最高的。特别是欧盟国家、美国、日本、加拿大、澳大利亚等发达国家，它们对食品中的农药残留量和有害物质含量标准的规定到了近乎苛刻的地步，由此使我国生产的受污染的或不符合标准的农产品和加工食品在出口贸易中连连受挫，丢失了大片市场，农民和相关企业遭受不少的经济损失，这当然也影响到了我国整个对外贸易的发展。因此制定切实可行的绿色投入计划和绿色产品开发计划，建立以生态环境和生态资源保护为核心的绿色产业，推动绿色产品的开发与绿色市场的形成成为农村经济发展的又一途径。

综上所述，农村环境污染造成了农业可持续生产能力下降。此外，随着社会的发展和生活水平的不断提高，人们对农产品安全性的要求也越来越高；同时，也要求农业生产无论在环境控制、生产资料供应、生产过程控制，还是最终产品质量要求方面，都要实现环境的无害化和生态化，大力发展生态农业。

三、农村可持续发展目标与对农村污染治理模式的要求

农业与农村可持续发展是保护资源与环境，以利于人类生存与发展的一种战略构想。其主要目标是：

（1）满足人口生存与发展的需要，即吃饱与穿暖的目标。为此要积极发展谷类作物生产，增加谷物产出，确保谷物供给，并使其安全系数（谷物贮备占谷类消费的比例）达到17%以上。同时，在确保谷物生产发展的基础上，协调和综合安排其他农产品的生产。

（2）保护资源与环境，实现资源的永续利用与环境的良性循环。为此，要采取各种实际有效的措施，降低能量与物质等各种资源的消耗程度；协调农村生态系统的结构与功能，通过系统内部的合理运行，将农业与经济资源的开发、利用及其保护、维持、循环和再生有机统一起来，减轻或消除发展水平的提高对环境所带来的各种压力。

（3）促进农村的综合发展，即在保证农业与生产发展的同时，加快农村产业结构的调整，发展第二产业、第三产业，协调农业与农村其他产业的相互关系，增加农民收入，扩大农村就业机会，并根除农村贫困。

要达到上述目标，在设计农村污染治理模式过程中，我们就需要在指导思想上明确以下几个方面的关系：

（1）农村污染治理模式，不能单纯片面地强调如何节约资源与保护环境，而应将节约资源与保护环境同我国当代人口及其子孙后代的生存与发展紧密结合起来，即把“资源与环境”及“生存与发展”作为一个整体加以思考。作为一个发展中国家，我国正需要大力发展经济。因此，对资源和环境既要强调保护，又要重视开发，将开发与保护结合起来。

（2）农村环境治理问题，应当在政策、科技、投入三者有机结合起来的基础上，重点考虑依靠科技进步的发展动力。持续发展的基础在于科学技术的进步。从某种意义上讲，建设持续农业与农村就是在经济、社会、生态效益三者相统一的原则指导下，重构农业技术体系的过程。依靠科技进步，既要考虑常规污染治理技术，又要考虑农用高新科学技术的进步。

（3）农村污染治理模式，要与我国农村实现小康的目标结合起来。实现农村小康既要求经济有更大发展，又要求环境得到改善。这与持续发展的目标是相一致的。因此，要根据各地的条件、特点和问题，因地制宜地推动持续农业与农村发展的模式，分区规划，分类指导，逐步推进农村环境改善。

第二节　农村污染治理模式

一、模式简介

根据环保部农村连片综合整治的相关要求，结合农村污染现状分析，以污染治理、资源利用、兼顾运营为主线，解决农村环境污染问题。畜禽粪便处理采用联合厌氧发酵技术进行资源化处理；生活垃圾卫生填埋；建立秸秆气化站，消纳部分秸秆及对农户集中供气；生活污水根据地区现状、经济条件等制约因素，采用分散处理与集中处理相结合的方式处理。见图 6-1。

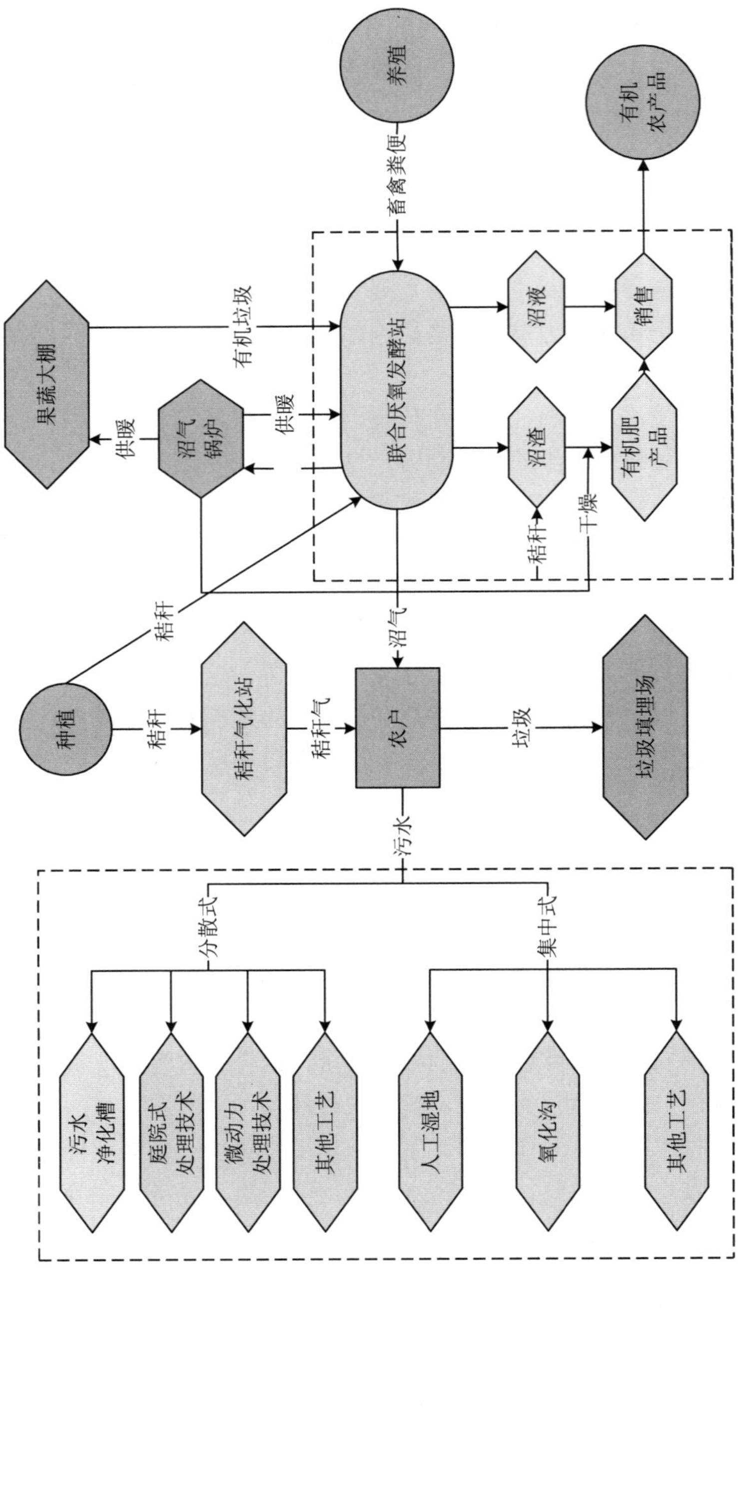

图 6-1 农村污染物治理技术路线图

二、农村污染物治理模式

农村污染物治理模式以饮用水源保护、人居环境质量改善、解决部分农户能源需求为目标，采用以联合厌氧发酵技术为核心的村镇污染物资源化体系，充分发挥其资源化优势，建立可持续的农村污染治理模式，最终实现以下目标：

（1）畜禽粪便基本实现资源化处理，同时解决部分农户能源需求，带动有机农业发展。

（2）生活垃圾基本实现无害化处置，消纳部分秸秆。

（3）人口密集区、环境敏感区基本实现污水达标处理。

（一）有机固体废弃物资源化方案

1．治理原则

结合农村特点，畜禽粪便处理应遵循以下原则：

（1）建立村收集、集中处理的畜禽粪便资源化模式。

（2）以资源化、能源化为核心，推动农村生活方式转变，带动区域有机农业发展。

2．联合厌氧发酵技术方案

本方案主要建设内容为：建设以联合厌氧发酵技术为核心的沼气站，解决部分农户做饭能源问题，同时解决村内畜禽粪便、果蔬大棚有机垃圾、污水处理设施剩余污泥问题。实现污染物的资源化利用。见图 6-2。

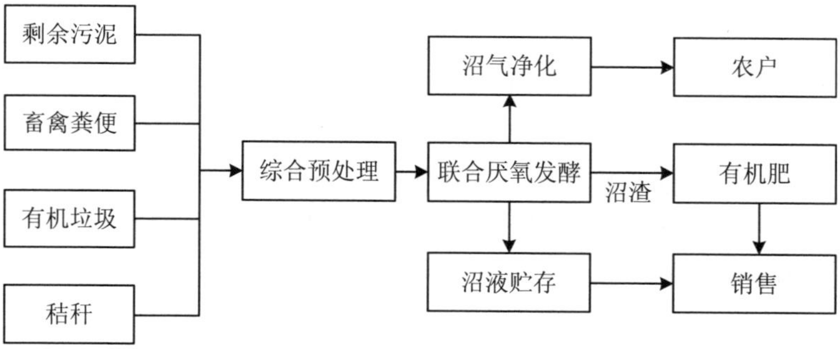

图 6-2　联合厌氧发酵工艺流程

利用畜禽粪便、有机垃圾、秸秆、剩余污泥建设联合厌氧发酵站，为农户提供沼气，利用沼渣和秸秆制造有机肥产品，可产生一定经济效益。

畜禽粪便的收集与运输：在村庄内建 3～5 处畜禽粪便收集点，农户将畜禽粪便运送至收集点，各收集点定期将畜禽粪便运送至厌氧发酵站。

拟定村生猪饲养量为 1 万头，则联合厌氧发酵罐为 1 000 m^3，产气量约为 1 000 m^3/d，完全满足村庄使用。剩余沼气可燃烧供热，供厌氧发酵罐和果蔬大棚使用。发酵站年处理粪便及有机垃圾 7 000 t，产生沼渣 1 022 t，沼液 18 250 m^3。

3. 秸秆制气工程

利用农业生产中产生的秸秆，在缺氧状态下通过热化学反应，将秸秆中的碳转化成可燃气体。可供民用炊事使用。见图 6-3。

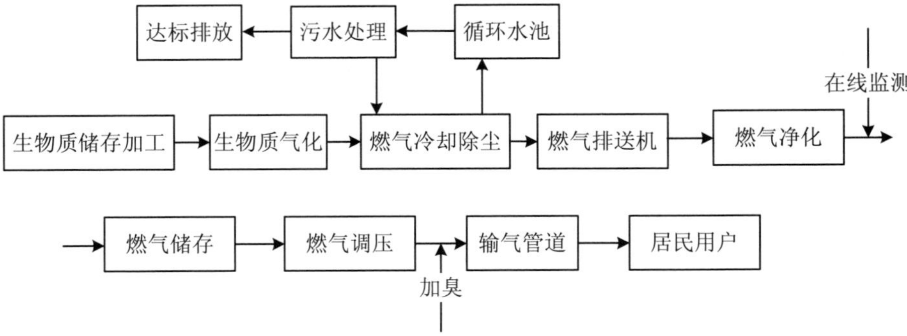

图 6-3 秸秆制气工艺流程

建秸秆气化站，为农户提供秸秆气，与沼气形成互补，日供燃气 2 000 m^3 规模的气化站，每年可节省煤气约 100 万元。秸秆气化站的建立不仅是节能减排的经济工程，更是新农村建设的绿色工程。

秸秆的收集与运输：在村庄内建 3～5 处秸秆收集点，农户将秸秆运送至收集点，各收集点定期将秸秆运送至秸秆气化站。

制气工艺采用干馏热解气化工艺，气化原料是在高温条件下进行的，该气化工艺可得到 25%的中热值燃气，45%分解的油、水、液态化合物和 30%的固体碳。生产的燃气热值高。

4. 经济效益分析

沼渣制肥厂年处理 1 022 t 沼渣，可生产 560 t 有机肥。可采取发放有机农产品证书的形式，鼓励农户使用有机肥及沼液产品，带动当地有机农业发展，实现可持续的污染治理模式。

表 6-1　能源方案预期收益

序号	产品	年产量	单价	预期收益
1	沼气	365 000 m^3	0.8 元/m^3	29.2 万元
2	有机肥	560 t	1 200 元/t	67.2 万元
3	沼液	18 250 t	40 元/t	73 万元
4	秸秆气	730 000 m^3	0.6 元/m^3	3.8 万元
5	合计			173.2 万元

（二）垃圾处理方案

1. 农村生活垃圾处理原则

（1）在条件具备的地区采用“村收集、镇转运、县区处理”的生活垃圾处理模式。

（2）现阶段在农村生活垃圾分选可行性较差的情况下，推荐卫生填埋为主要处置方式。

（3）垃圾填埋采取就近填埋原则。如附近有填埋场，则将垃圾运送至填埋场卫生填埋；如附近无填埋场或外运难度大，可新建垃圾填埋场。

2. 垃圾处理方案

本方案包括垃圾收集系统建设和垃圾卫生填埋场建设。

拟定村人口为 5 000 人，农村人均垃圾产生量为 0.8 kg/d，则垃圾产生量为 4 t/d。

（1）垃圾收集系统建设

在村庄人口密集区、主干道两侧配备垃圾箱，各村配备垃圾清运车一台，定期将村内垃圾运送至垃圾填埋场。

（2）垃圾卫生填埋场建设

如村庄附近没有垃圾填埋场，垃圾外运难度较大，可建垃圾卫生填埋场，容纳村庄生活垃圾。

拟建 2 万 m^3 垃圾卫生填埋场。填埋场尺寸：100 m×100 m×2 m。该垃圾填埋场必须符合《生活垃圾填埋场污染控制标准》的相关要求。措施如下：

①对垃圾场进行分单元填埋，虚铺后碾压多次，压实后再在上面填埋第二层，再次进行推平和碾压。直至将当日垃圾填完，覆土层再压实。压实的垃圾需要保持一定的坡度以利于排水，坡度不小于 2%；然后向下一单元推进。直至作业单元的场底全部覆盖后，再上升一层填埋，逐渐达到填埋高度。

②在填埋场建设绿化隔离带，绿化隔离带设置宽度不小于 10 m。

③在垃圾周边设置防护铁丝网，防止垃圾飞扬。

④对垃圾场场底及四周均应该按要求进行防渗。建设渗滤液收集池，定期回喷。

⑤加强管理且按时喷洒药物，杀死蚊蝇和病原体，将其对周围环境及人体健康的不利影响降至最低。

⑥运输时杜绝垃圾沿途撒漏。

（三）污水处理方案

1．污水处理原则

（1）村镇生活水污染控制采用分散处理与集中处理相结合的原则。根据不同地区、不同经济水平确定合适的处理方式。

（2）生活污水治理优先选择饮用水源保护敏感区、人口密集区。

（3）优先考虑采用工艺和设备简单、成熟而且可靠、维护工作量少和技术要求低的技术。

2．污水处理模式

综合考虑村镇自然状况、社会发展水平，可将其分类纳入如下三种处理模式：集中式收集处理、分散式就地处理、分散式家庭处理，见图 6-4。

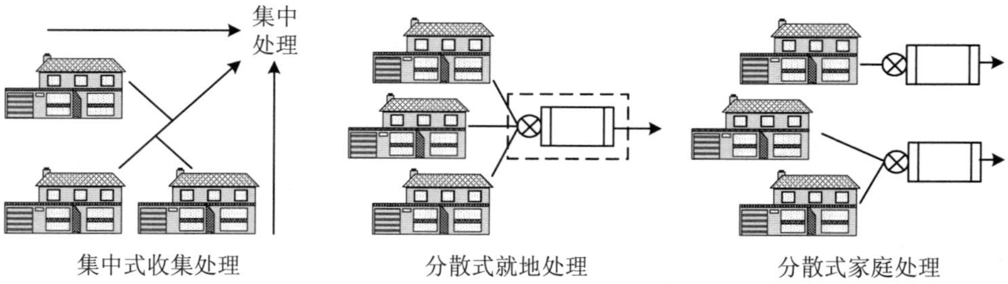

图 6-4　污水处理模式

处理技术是与排水体制是相制约的，经济发达、较发达建制镇或集镇，村镇距离较近、给排水措施完善、水冲厕所普及率高的村镇，宜采用集中式收集处理技术模式，重点考虑自然集中处理技术，如人工湿地技术等。

村庄以及经济不发达、自然基础较差的建制镇或集镇，可采用分散处理模式。在部分相对集中的地区或者楼房小区，可建设小范围的集中管道，采用分散式就地处理，如采用污水净化槽、小型人工湿地和氧化塘等。对于完全分散地区可采用分散式家庭处理模式，如沼气净化池、庭院式自然处理技术和小型净化槽等。

3．集中式污水处理工艺

相邻村镇可以将污水集中收集，并入区域集中污水厂进行处理。本模式可以减少污水处理厂（站）的建设数目，大大减小污水厂的投资，且污水厂可形成较大的规模、数量较少，总体上较易管理，运行成本低。而且由于集中管理，能确保处理系统的运行稳定，从而保证获得最好的处理效果，取得最好的环境效益，还能提高处理效率。

村镇生活污水量小，污染物主要为生活污水，并且村镇经济发展较城市落后，选择治理技术应考虑低投资和低成本的工艺，如强化充氧-循环流人工湿地、氧化沟法等适合小型污水处理的工艺。由于污水污泥工业污染少，可作为联合厌氧发酵原料使用。

4．分散式污水处理模式及技术

分散式污水处理建议采用源头控制技术对各种生活污水源头进行分类处理，发挥各种处理技术优势，做到经济有效地解决生活污染问题。由于生活污水主要为粪便冲洗水和其余生活污水。生活污水中粪便冲洗水（黑水）污染物浓度高，其他生活污水（灰水）污染物浓度则较低。通过黑灰水分离，使用低水量、非水冲式厕所等生态卫生厕所方式处理粪便或高浓度黑水，污水产出量和淡水消耗量将会大大减少。这样，避免粪便进入水体，就可以减少污水浓度和对水体的污染。灰水浓度较低，可采用人工湿地处理技术、微（无）动力处理技术达到处理效果。见图 6-5。

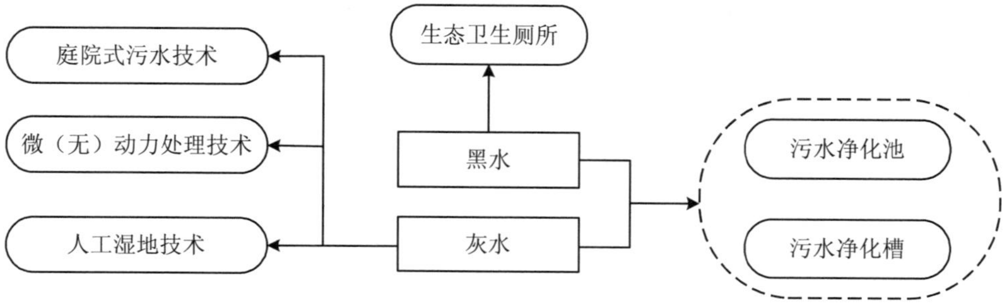

图 6-5　分散式污水处理模式及技术

5．污水处理推荐工艺

（1）强化充氧—循环流人工强化湿地技术

人工湿地在对废水的处理过程中综合了生物、物理、化学三方面的作用，实现了对污水的高效净化。由于传统人工湿地对环境条件要求较高，气温对处理效果影响明显；污染物完全依赖自然处理，限制了其处理效果的提高，因此人工强化湿地得以开发，成为湿地发展的第四代技术。强化充氧—循环流人工强化湿地技术在人工湿地内部埋设曝气管，保证充足的氧气（低温时也有效）；人工湿地前段处理了大部分 BOD（成为缺氧状态），留下大量的空间和氧气来处理氨氮，将出水（含大量硝态氮）返回进水段进行反硝化，从而有效提高了污染物，特别是氨氮的处理效果，降低了气温对湿地的影响。见图 6-6。

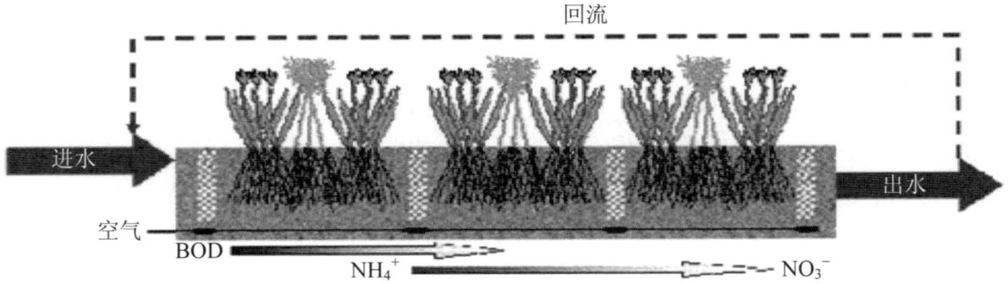

图 6-6　强化充氧—循环流人工强化湿地技术

（2）微（无）动力污水处理技术

污水处理运行支出缺少稳定来源，成为制约我国村镇污水处理发展的“瓶颈”之一。传统的城市污水处理工艺是建立在较高的动力消耗的基础上的，显然不适合在农村地区推广。简单的沉淀、厌氧处理又无法满足污水处理要求，研发低能耗的好氧处理工艺成为解决这一难题的有效途径。

设计以滴滤、潮汐式氧化技术、跌水充氧、管道拔风等低耗能方式为主的新型无（微）动力充氧工艺模块，并与人工湿地、稳定糖等生态处理工艺组合，利用系统最优化原理，强化系统的污染物去除效果，特别是提高脱氮除磷效率。图 6-7 为跌水充氧-人工湿地工艺流程。

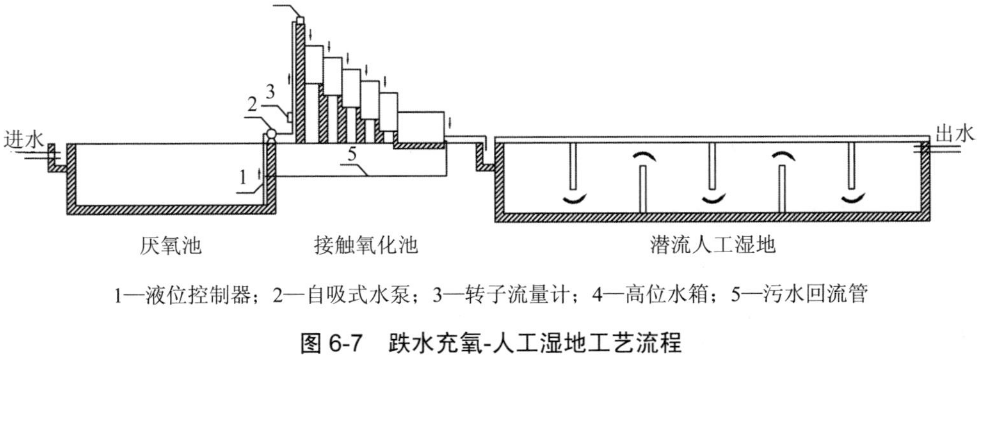

1—液位控制器；2—自吸式水泵；3—转子流量计；4—高位水箱；5—污水回流管

图 6-7　跌水充氧-人工湿地工艺流程

（3）庭院式污水处理技术

污水处理采用源头控制技术，采用黑水、灰水分离原则，利用村民现有渗水井，进行技术改造，使其具备人工湿地或厌氧滤池功能，对生活污水进行处理，出水应尽量纳入边沟系统。

没有渗水井或改造有难度的农户，可在院内建设庭院式湿地处理系统，经沉淀-厌氧-人工湿地处理后外排。见图 6-8。

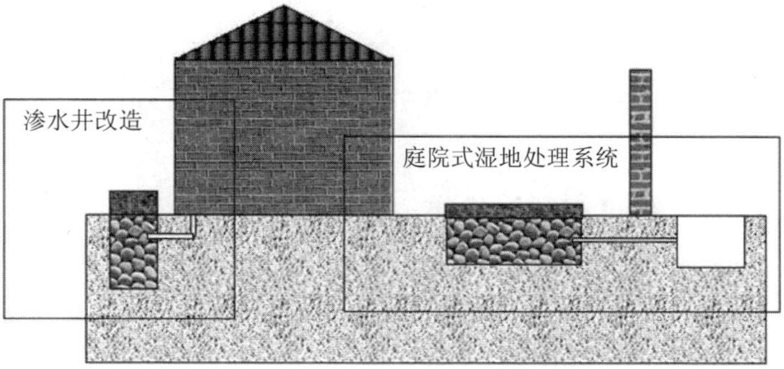

图 6-8　庭院式污水处理

（4）生活污水净化沼气池

生活污水净化沼气池是分散处理生活污水的新型构筑物，适用于土地贫乏、管网不完善地区。可以处理厨房炊事用水、沐浴、洗涤用水和冲洗厕所用水等。生活污水净化沼气池是根据生活污水的上述特点，把污水厌氧消化、沉淀过滤等处理技术融为一体而设计的处理装置。具有占地少、投资省、运行不耗能、可季节性和间歇性运行，无须专人管理、可能源回收等特点。见图 6-9。

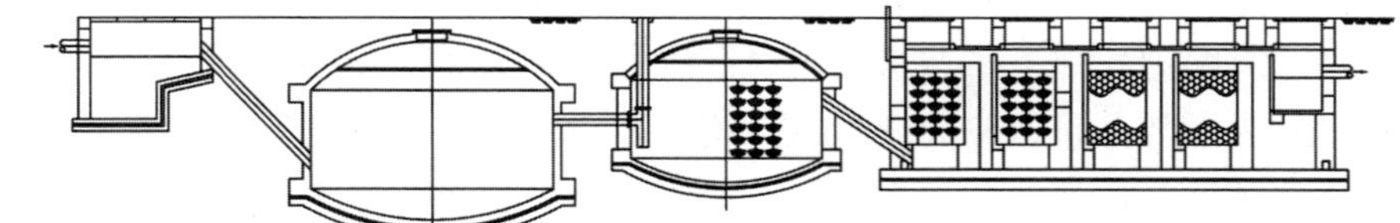

图 6-9　生活污水净化沼气池

（5）污水净化槽

污水净化槽在日本被广泛应用于分散型生活污水的处理，根据服务人员数量的不同，净化槽小到 5 人型的家庭处理槽，大到 2 000 人型的集中处理槽，形式和规格多种多样。净化槽是一类一体化设备，其各步工艺集中于同一槽内完成，槽体可按实际需要埋于地下，也可放于地面上。由于该工艺耗能较大，建议在环境敏感地区使用。见图 6-10。

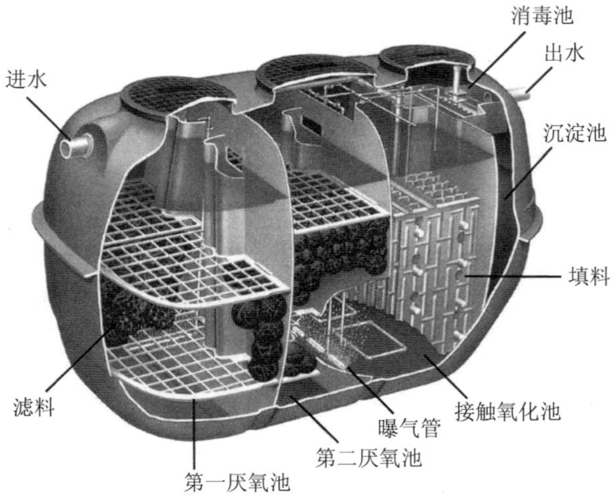

图 6-10　50 人规模污水净化槽

（6）生态卫生厕所

1）新型高压水冲厕所

在给排水设施较完善的村镇可选择推行高压水冲式厕所，解决以往露天旱厕不卫生、不方便、浪费水、污染环境等问题；通过改厕，农村可以实现经济效益、社会效益和环境效益的三重提升。

新型节水型高压水冲泵由 ABS 注塑成型，水冲泵每次出水量 0.3～0.4 L。在常人正常的脚踏力作用下，冲水泵出水口压力不低于 0.20 MPa。节水型高压水冲泵节水、卫生，防冻采取隔离式机械封闭，除可直接接入管网集中处理外，还可与三格式化粪池、沼气池、双瓮池配套建设，是一种适合集中、分散式污水处理系统，卫生、方便的新型厕所。

2）粪尿分离型生态厕所

把粪尿分别进行收集和处理，是对传统旱厕的一种改良。

基本结构：尿粪分集式便器、排尿管、贮尿容器、过粪管、厕坑、排气管等。

设计原理：根据人上厕所的姿势，设计一个大便坑和一个小便漏眼，大小便自然分开收集；小便通过一根管线输送到一个容器里，密封接口；大便进入粪坑后，用少许柴灰覆盖，通过“烟囱”通风干燥，排水排臭。见图 6-11。

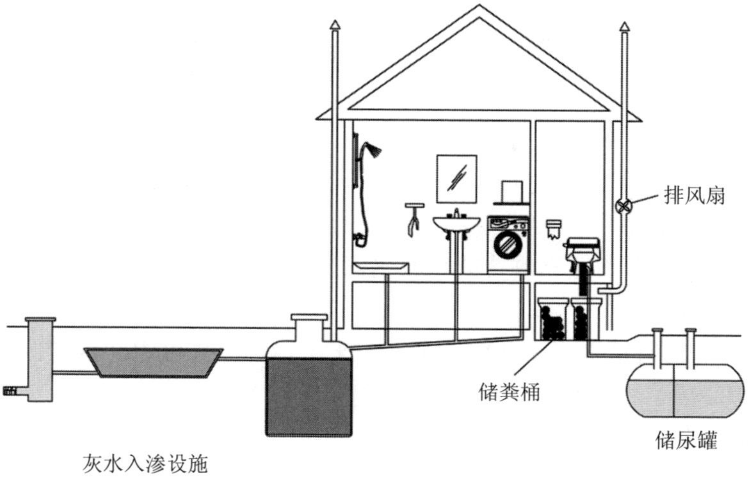

图 6-11　粪尿分离型生态厕所

一个 4 口之家的厕所，半年掏一次大便坑便可。粪便经干燥脱水，成为天然有机肥，可广泛用于农业生产。

该方案预防污染在前，可将处理量减至最低限度。技术含量不高，却代表了先进的卫生理念。粪坑建于地面上，不需进行防渗处理。该技术适应性强，是目前主要推广的技术，也是目前欠发达地区改善卫生条件最合适的技术。

3）沼气池生态厕所

将沼气池与厕所连接在一起，人、畜、禽粪便经过进料口进入沼气池厌氧发酵。

在我国农村生活污水处理的实践中，最通用、节俭、能够体现环境效益与社会效益结合的生活污水处理方式是厌氧沼气池。它将污水、粪尿、有机垃圾处理与其合理利用有机结合，实现了污水、粪尿生活垃圾的资源化。沼气池工艺简单，成本低（一户约需费用 1 000 元），运行费用基本为零，适于农民家庭采用。而且，结合农村改厨、改厕和改圈，可将猪舍污水和生活污水在沼气池中进行厌氧发酵后作为农田肥料，沼液经管网收集后，集中净化，出水水质达到国家标准后排放。

（四）运营管理机制

建立完善的农村治污设施运营管理机制是保证农村环境连片综合整治工作取

得成效的关键之一。目前农村治污设施运营管理机制主要存在运行维护资金保障困难，运营管理不力，监管制度不完善，专业管护人员缺乏等问题。为了避免治污设施“建而不管、长期废置”，保障设施长期发挥治污效益，本着“以奖促治”的原则，建立治污设施运营管理机制。具体内容如下：

1．运营管理主体

为了便于统一管理，建议集中式治污设施应由县或镇政府来负责统一运营管理，可设立治污设施管理委员会。对于以农户为单位的分户治污设施，可实行“自用、自管”，也可探索适当收费的物业化管理方式。

2．监管制度

设施的运行监管主要由环境保护部门来承担，具体可由区县环保局承担监管的直接责任。

3．运行维护资金

因为环境整治属于公益事业，通常不直接产生经济效益。而以目前农村的经济状况，还无法实现排污收费，因此运行维护资金还只能以政府补助为主。区县政府应建立长效稳定的农村环境综合整治资金投入机制，每年从财政预算中列支一定比例的经费。另外市级公共财政应按照治污设施规模、级别给予一定经费补贴，并且根据“以奖促治”的原则，建立有利于促进治污设施运行的奖励机制，以奖励的方式给予补助。同时建议建立治污设施运行专项基金，对于可产生经济效益的联合厌氧发酵站，积极探讨市场运行模式，将取得的经济利益用于贴补污水处理和垃圾治理等设施的运行维护。

4．技术保障

治污设施的运行管理需要一定的专业知识，目前农村处理设施的运行人员以农民为主，虽可进行日常安全看护工作，但难以胜任专业的系统维护工作。建议建立系统的技术人员培训体制，由专业技术人员深入村镇，进行实地技术培训，并与治污设施的设计单位和设备提供厂商签订协议，由其提供长期的技术支持。

（五）方案成效分析

方案以农村有机固废资源化处理为核心，生活垃圾采用统一收集、卫生填埋，污水处理推荐采用低能耗处理工艺。方案可实施统一监管，单位投资少，规模效益明显，对区域环境贡献大，治理效果易于保持。

通过连片整治示范项目的实施，在改善农村环境状况的同时，解决部分农村能源问题，推广农村循环经济，从根本上改变农民生产、生活方式，探索低碳型可循环资源化的农村污染物治理模式。

该模式以饮用水水源地水体安全得到保护，受污染河流、沟塘等水体环境得到改善，居住区生活污染得到治理，畜禽养殖废弃物污染得到控制为目标，通过联合厌氧发酵、秸秆气化、垃圾收集填埋、污水处理设施的建立，最终达到以下效果：

（1）基本解决畜禽粪便的污染问题，实现畜禽粪便的资源化处理；依托村农户改变原有的能源使用方式，使用清洁能源；沼渣沼液替代无机化学肥料，带动有机农业的发展。

（2）基本实现生活垃圾的无害化处置。

（3）在人口密集区、环境敏感区，采用集中与分散相结合的处理方式，基本实现污水达标处理。

（4）对秸秆加以合理利用，以秸秆制气为主，结合厌氧发酵、堆肥等方式，进行资源化利用。

第三节 农村污染治理案例设计

一、新站村环境综合整治方案设计

新站村位于辽宁省锦州市凌海西部，双羊镇中部，西北邻小山子村，东北邻要路子村，西南邻牛旗村，东南邻仁字村。北侧 500 m 为 102 国道，南侧为京沈高速公路。距锦州市 10 km，距凌海市 10 km。全村到 2008 年总户数为 635 户，总人口为 2 250 人，2009 年全村社会总产值 400 多万元，人均收入 10 300 元。

主要环境问题为生活污水、畜禽粪便、生活垃圾及农业有机垃圾等污染。

新站村属于基础较好的新型农村，生活区、大棚种植区等根据规划分片建设，排水沟基本覆盖全村，以便于进行污染物集中处理和利用。根据新站村现有基础及存在的问题，拟定 3 个子方案，包括污水处理方案、能源解决方案和垃圾处理方案。

（一）污水处理方案

本方案包括排水管网改造工程及微动力污水处理工程。

1．排水管网改造工程

（1）排水沟改造工程。第一期完成村内主干道一侧排水沟改造，共 3 000 m；对排水沟做防渗、加盖处理，避免污水渗漏及蒸发。

（2）管网入户工程。村内60%的农户屋内有下水管道，排到污水沟；对剩余40%农户，采取埋管措施，将排水沟引到庭院内。见图6-12。

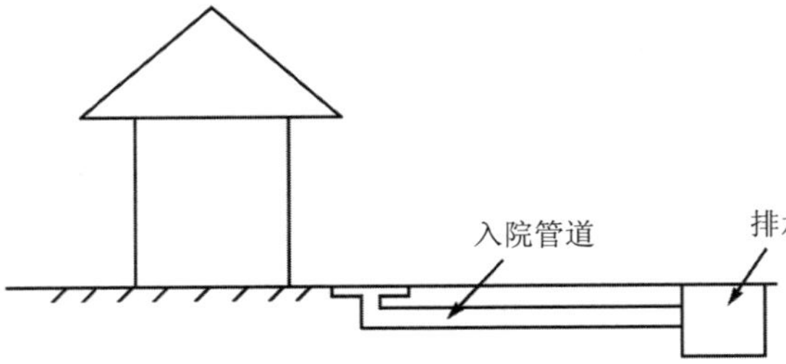

图6-12　管道入户示意图

2．微动力污水处理工程

村内有3座池塘，采取防渗措施将其改造成人工湿地，处理新站村生活污水。采用跌水曝气+潜流湿地+表流湿地工艺，后段表流湿地采用景观化设计。

技术指标

服务人口：全村635户，约2 250人。

设计水量：150 t/d。

处理效果：TN、TP的平均去除率可达80%，COD的平均去除率达90%。

排水沟改造工程及人工湿地位置见图6-13。

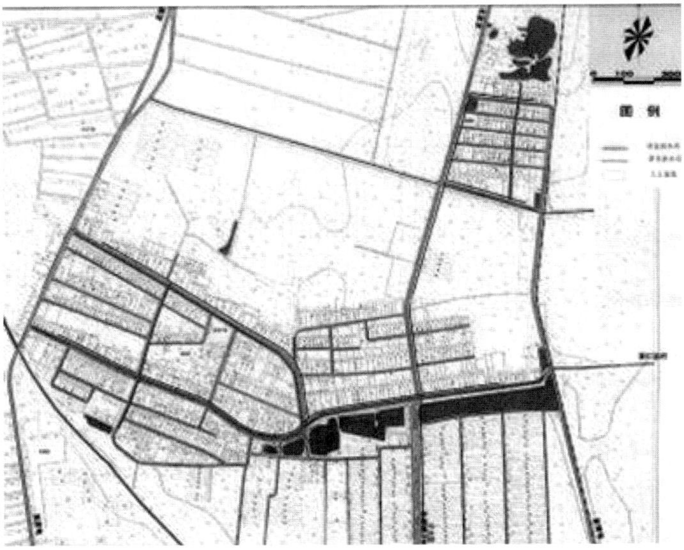

图6-13　排水沟改造工程及人工湿地位置示意图

（二）能源解决方案

本方案主要建设内容为：建设以联合厌氧发酵技术为核心的沼气站，解决蔬果大棚区的供暖、做饭能源问题；同时解决全村畜禽粪便、有机生活垃圾、大棚菜叶问题；实现污染物资源化利用。见图 6-14。

建设秸秆气化站一座，为村中居民区农户提供燃气，除蔬果大棚区 100 余户外，其余农户均纳入气化站管网。

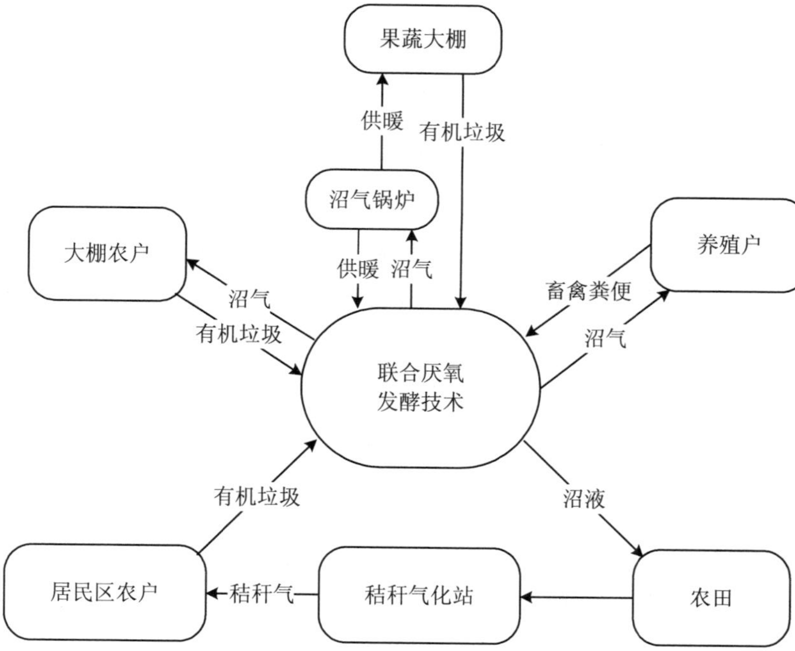

图 6-14　新站村环境综合整治示意图

新站村年生猪饲养量约为 5 000 头，养殖户约 70 户，每年产生大量的粪便。蔬果大棚区约有 100 户农户，每户拥有 3～4 个大棚，每年产生大量的有机垃圾（剩菜等有机质）。利用畜禽粪便及有机垃圾建设联合厌氧发酵站，可为大棚农户提供沼气；同时冬季为蔬果大棚供暖，可使蔬果提前成熟，产生一定经济效益。见图 6-15。

图 6-15 联合厌氧发酵站及秸秆气化站供气区域示意图

由于养殖农户全部分布在村中，给粪便收集带来一定难度，因此在蔬果大棚区南侧规划养殖小区，将生猪养殖量大于 10 头的饲养圈迁至养殖小区，不但方便粪便收集，而且能美化村环境，解决粪便肆意堆放问题。

（三）垃圾处理方案

本方案包括有机垃圾收运系统、垃圾填埋场建设。

1. 有机垃圾收运系统

农村人均垃圾产生量为 0.8 kg/d，全村日产垃圾为 1.8 t，其中无机垃圾约为 1.1 t，有机垃圾经分选后作为联合厌氧发酵原料。

为配合联合厌氧发酵工艺，需要实现有机垃圾、无机垃圾分类收集，建设内容包括：农户有机垃圾回收桶、有机垃圾回收车、无机垃圾运输车和 32 个垃圾收集点。

有机垃圾一般为厨余垃圾、食物残留物质，每个农户发放有机垃圾回收桶 1 个，每天由专人专车负责上门收集有机垃圾，并将其运送至厌氧发酵站。无机垃圾由运输车运送至填埋场卫生填埋。

2．垃圾填埋场建设

由于附近没有垃圾填埋场，且垃圾外运难度较大，拟建垃圾卫生填埋场一座，垃圾卫生填埋场选址拟定村北侧（图 6-16），距离居民区大于 500 m。防渗工程采用水平防渗和垂直防渗相结合的工艺。填埋场基底为抗压的平稳层，不会因垃圾分解沉陷而使场底变形。场底用压路机夯实、压平，然后在场底及场四周铺设复合土工膜。

图 6-16　垃圾收集点及填埋场选址示意图

二、东孤家子村环境综合整治方案设计

铁岭市新台子镇东孤家子村位于铁岭县新台子镇东部，辽河支流万泉河右岸，距离新台子镇 9 km，地势东高西低，北高南低，有县级公路新李线从村中经过。村西有小型水库一座，由东孤家子村和懿路村共同管理，万泉河是水库蓄水的主要来源。村域面积 600 hm^2，其中耕地面积 100 hm^2，以种植玉米为主，全村 530 户，人口 1 830 人，现有 6 个居民小组，6 个党小组。借铁岭县工业园区和村内铁

新水泥厂的优势条件，村级经济发展较快，2009 年人均收入 1.12 万元，以运输业和富余劳动力输出为主。

2009 年在村西侧新建了 4 幢居民楼共 1.8 万 m^2，140 户，目前已入住，计划 2010 年再建设 4 幢。村内建有文化广场、体育健身广场和新农村剧场，主街道修建了统一的院墙、边沟，种植了风景树，全村 80%的主要路面都实现了硬覆盖。

主要环境问题为生活污水、畜禽粪便、生活垃圾及饮用水安全等问题。

（一）现有重点污染源控制及资源化工程

工程内容：

（1）新建居民楼污水微动力处理工程

（2）无机垃圾填埋场及垃圾收集系统建设工程

（3）联合厌氧发酵制沼气工程

（4）有机垃圾分类收集系统

1. 新建居民楼污水微动力处理工程

（1）工艺流程

污水微动力处理工艺流程见图 6-17。

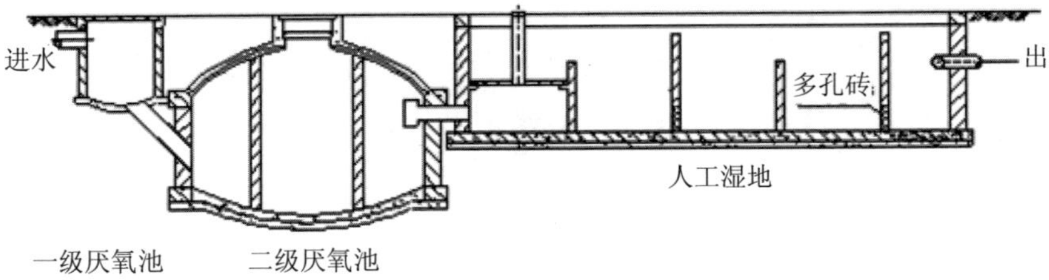

图 6-17 污水微动力处理工艺流程

（2）工艺简介

居民楼污水现直接排入各单元化粪池，未经任何处理。本项目拟将原有单元化粪池经改造成为一级化粪池，后进入二级化粪池，采用沼气净化槽形式，出水经人工湿地处理后排入万泉河。

整套工艺由厌氧池和潜流人工湿地两个处理单元串联组成。污水经过厌氧池降低有机物浓度后，引入人工湿地，进一步深度处理，去除氮磷，人工湿地出水外排。

整个运行系统维护工作量小，系统产泥量少；适应性好，占地面积小，工程建设周期短，见效快，施工方便。

（3）技术指标

服务人口：目前 140 户，2010 年拟新建 140 户，合计 280 户，服务人口约 980 人。

设计流量：100 m^3/d。

处理效果：TN、TP 的平均去除率可达到 80%，COD 的平均去除率可达 90%。

（4）构筑物设计

二级厌氧池。停留时间为 2 d；有效池容为 120 m^3。

人工湿地。水力负荷 0.5 m/d，湿地面积为 200 m^2。本设计为水平潜流，总共 1 格，每格尺寸为 10 m×20 m，面积 200 m^2，各单元四周 240 砖墙护围，湿地总深度 1.5 m。湿地底部夯实，湿地防渗采用 HDPE 防渗膜。自上而下各层填料的分布：夯实黏土、防水土工膜，d80～d120 卵石，d10～d30 卵石。种植上：湿地内分别种植芦苇、茭白、香蒲等湿地植物以及观赏型花卉。

（5）建设与运行管理

定期对厌氧池和人工湿地进水口的杂物进行清理，注意防治人工湿地的杂草、病虫害，及时收割换茬；定期对系统等进行检查与维护；厌氧池每年清掏 2 次。

2. 垃圾收集系统与无机垃圾卫生填埋场建设工程

农村人均垃圾产生量按 0.8 kg/（人·d）计，全村日产垃圾约 1.5 t。本填埋场主要处理无机垃圾约 0.9 t/d。有机垃圾经分选后作为联合厌氧发酵原料。

由于条件限制，该村附近无垃圾卫生填埋场或焚烧厂，垃圾外运难度较大，拟建设无机垃圾卫生填埋场一座。建设内容包括：垃圾卫生填埋场、运输系统、垃圾堆放场四周绿色屏障建设。

无机垃圾卫生填埋场拟选址：村东南牛山废弃的采石场，建设面积约 1 万 m^2（图 6-18）。填埋场底部应按照《生活垃圾填埋场污染控制标准》增加防渗设计，确保防渗层的渗透系数 $K \leqslant 10^{-7}$ cm/s，如经勘察天然防渗层达不到标准要求，应铺设人工防渗膜。为防止垃圾临时存放期间下雨造成地表水污染，应增设渗滤液及雨水回收管道和储存池。渗滤液可在晴好天气回喷垃圾，蒸发处理。垃圾临时堆放场周围种植树木，起到绿色屏障的作用，减少垃圾飘散。

图 6-18 垃圾填埋场选址

村内公共场所如体育广场、小剧场及主街等处增设分类垃圾箱，共放置 10 个。同时购置大型垃圾运输车 1 台、垃圾收集车 1 台，安排专人负责，实现垃圾集中收集。

3. 联合厌氧发酵制沼气工程

（1）工艺流程

联合厌氧发酵制沼气工艺流程见图 6-19。

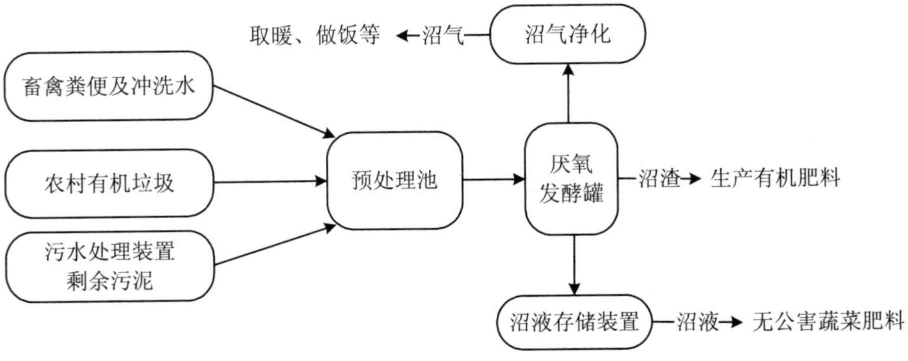

图 6-19 联合厌氧发酵制沼气工艺流程

（2）技术简介

为了真正做到减量化、资源化、无害化，达到处理结果为零排放的目标，不对周围环境造成危害，该项目根据国内外先进经验，采用将粪尿、污泥、垃圾发酵物收集后一同进入厌氧消化罐进行厌氧发酵处理的工艺路线。通过沼气生态工程对固体废弃物、尿水等进行无害化处理，可以极大消除污染源，保护环境，改善生态，最终达到污染物零排放，维护生态平衡，促进养殖生产步入良性循环，推进农业结构的调整。

猪粪的质地较细，成分较复杂，含蛋白质、脂肪类、有机酸、纤维素、半纤维素以及无机盐，其碳氮比约为 14∶1，是生物资源化的理想原料。新鲜猪粪中含有大量水分和虫卵病菌以及杂草种子，在资源化之前必须经过必要的预处理步骤。

污水处理厂产生的剩余污泥由污水处理过程所产生的固体沉淀物质组成，是水处理过程中不可避免的副产物，含水率在 90%左右，具有良好的厌氧发酵特征。

农村生活垃圾主要包括炉灰、食品袋、废纸、建材、废电器、塑料制品、厨房垃圾、水果腐烂品等；通过分选设备将可发酵物分离出，用于厌氧发酵。

农村垃圾经分选设备分选出可发酵物后进入预处理池；污水处理厂产生的剩余污泥可直接进入预处理池；猪、鸡粪尿经格栅拦渣去除如塑料袋、草绳、树叶等无机杂物后进入预处理池；牛粪、尿含有大量泥沙，应先经沉沙装置除沙，然后经格栅拦渣去除如塑料袋、草绳、树叶等无机杂物后进入预处理池。预处理池内安装搅拌器，通过搅拌使之均匀，然后泵入厌氧发酵罐进行厌氧发酵处理，产生的沼气供附近农户取暖做饭；厌氧发酵所产生的沼液用于周边的无公害蔬菜基地，沼渣可用于制造有机肥料。

本工程在大量试验和实际经验的基础上，采用改进型 USR 厌氧反应器（其对传统 USR 厌氧反应器在搅拌方式上做了改进），有效地解决了结壳等问题，提高了反应器的传质效率、甲烷产气率和 COD 去除效果。

（3）技术指标

原料分析：

1）畜禽粪污。该村集中化养殖场年出栏 400 头，存栏约 150 头，散养猪约 100 头。以每头猪每天产肥 2 kg 计，每天产猪粪 500 kg。

2）有机垃圾。该村日产垃圾 1.5 t，按照可发酵物质占垃圾总量 40%计，可发酵垃圾日产生量 600 kg。

3）污水处理剩余污泥。由于该村污水处理工艺污泥产量较小，约 200 kg/a。

（4）建设与运行管理

定期对预处理池杂物进行清理；定期对水泵、控制系统等进行检查与维护。

4．有机垃圾分类收集系统

为配合联合厌氧发酵工艺，需要实现有机垃圾、无机垃圾分类处理收集。建设内容包括：10 个具备垃圾分类功能的垃圾收集点、有机垃圾回收桶、有机垃圾收集系统。

有机垃圾一般为厨余垃圾、食物残留等物质，每个农户发放有机垃圾回收桶 1 个，由农民自行将有机垃圾送至垃圾收集点。有机垃圾收集点设置大容量密闭式垃圾容器。每天由专人专车负责回收 10 个收集点垃圾，运送至联合厌氧发酵站。

预计购置 600 个有机垃圾回收桶，每个计 50 元。

（二）平房区污水分散处理系统及卫生厕所建设

1. 平房区污水分散处理系统

污水处理采用源头控制技术，采用黑水、灰水分离原则，利用村民现有渗水井，进行技术改造，使其具备人工湿地或厌氧滤池功能，对生活污水进行处理，出水应尽量纳入边沟系统。

没有渗水井或改造有难度的农户，可在院内建设家庭型湿地处理系统，经沉淀—厌氧—人工湿地处理后外排。预计建设 250 户。

2. 卫生厕所建设

厕所依据粪尿分别收集的原理，在平房区推进非水冲粪尿分集式卫生厕所，粪便经干燥杀灭病菌和虫卵达到无害化后转变成腐殖质，再稀释成高效的尿肥施之于农田。这些废弃物转化为有用的肥料，实现了资源二次利用。它能使地下水、河流、湖泊和海洋免予粪源性污染，减少消耗用水，节约水资源，人的粪尿经无害化处理变废为宝，有利于形成可持续发展的生态循环系统。建设卫生厕所 250 户左右。

三、潘家堡村环境综合整治方案设计

潘家堡村位于辽宁省沈阳市辽中县，是潘家堡镇政府所在地，全村版图面积 10 km^2，有农户 1 050 户，人口 3 100 人，耕地面积 4 600 亩。村中主要产业是棚菜和养殖。人均年纯收入为 8 000 元。

主要环境问题为生活污水、垃圾及畜禽粪便污染等。

辽中县正在进行生态村镇及蒲河生态廊道建设，对环境非常重视。潘家堡村是潘家堡镇政府所在地，镇政府对环境整治的支持力度很大。但目前潘家堡村除居民楼的污水处理设施和大型养殖场的沼气池外，其他环境基础设施较为薄弱。为了从根本上解决环境问题，拟定的实施方案见图 6-20，具体如下：

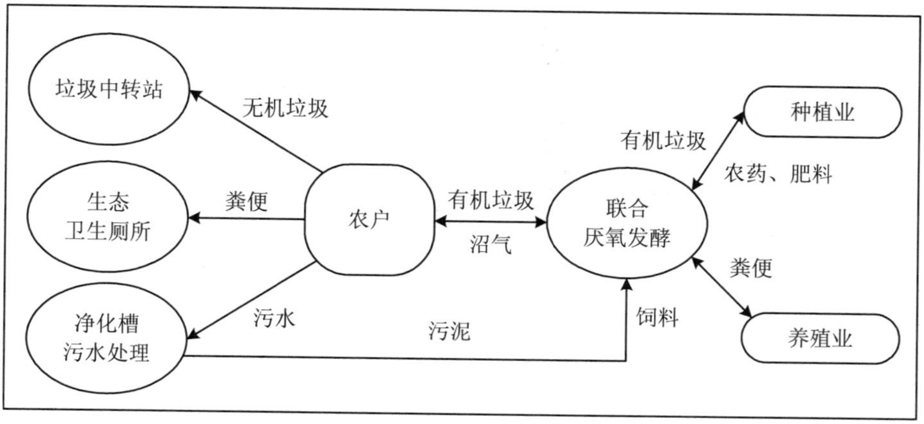

图 6-20　实施方案模式图

（一）建立完善的垃圾收集系统及垃圾中转站一个

为了实现生活垃圾的资源化回收及减量，避免因垃圾不能及时处理而造成的二次污染，改善村民的生活环境，实现垃圾的日清日运，需建立一套完善的垃圾收集系统，采取以户为单位进行垃圾分类、由专人负责定时定点收集和村中集中管理的模式。具体措施如下：

1. 生活垃圾的分类

将生活垃圾分为有机垃圾和无机垃圾两类，每户分发塑料垃圾桶两个，进行分类倾倒，有机垃圾可作为联合厌氧发酵的原料。

2. 垃圾收集

原 30 个铁质垃圾箱和 10 个地埋式垃圾箱作为有机垃圾箱，另新增 10 个地埋式垃圾箱作为无机垃圾箱，由专人负责对垃圾进行定时定点的分类收集。尽量减少堆放时间，避免二次污染。

3. 新建垃圾中转站一个

考虑管理及对周围环境的影响，建议采用全封闭地下直接装载式转运方式。上盖封闭好，易于倾倒，运行费用低。垃圾集装箱埋在地下，垃圾收集车在顶上直接卸料。箱体采用顶升方式，并设置防雨措施。存储量为 10 t。另外配备垃圾转运车一辆。

（二）有机固体废物的资源化利用

建太阳能联合厌氧发酵设施一座，收集村中的畜禽粪便及有机垃圾，制取清洁能源沼气，用于农户的炊事用能。产生的沼液沼渣可作为肥料、生物农药及饲料用于村中的棚菜种植及养殖业上。在治理污染的同时变废为宝，实现资源的可持续利用。

1．发酵原料

潘家堡村分散养殖的猪约 5 000 头，按照 1 头猪每年可产约 1.5 t 粪便计算，每年产生的猪粪为 7 500 t。生活垃圾按照每人每天 1 kg，其中可发酵垃圾按 40% 的比例计算，全村 3 100 人，每年产生的有机垃圾为 452.6 t。村中主要产业之一的棚菜种植中产生的腐败菜叶等也可作为发酵原料。另外，污水处理中产生的污泥也进行发酵处理，不定期添加。

2．处理工艺

猪粪和生活垃圾分别经过格栅去除杂物和分选后进入预处理池，预处理池内安装搅拌器，通过搅拌使之均匀，然后泵入厌氧发酵罐进行厌氧发酵，并配备沼气储气柜一个。

沼气发酵液的温度，对沼气的产生量影响很大。为了保证冬季的正常运行，必须采取增温保温措施。太阳能技术已日趋成熟，此次工程拟采取太阳能增温装置，通过热交换，对底物进行加温；将热水引入进料池内的管状散热器中，为发酵料液补充热量。工艺流程见图 6-21。

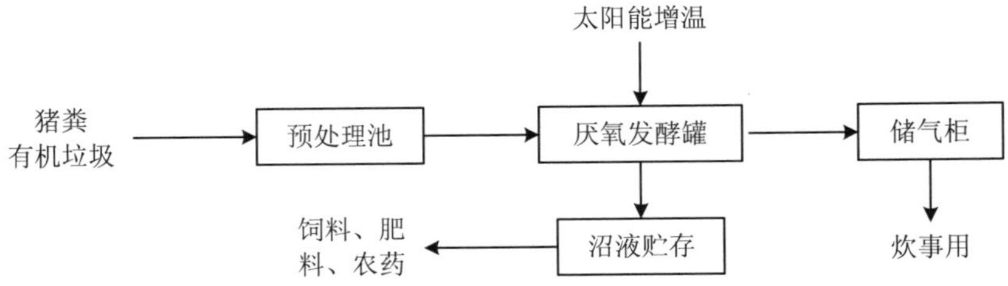

图 6-21 太阳能联合厌氧发酵

3．设施设计

（1）预处理系统

1）预处理池：30 m^3

2）钢制格栅：1 台

3）潜污泵：1 台

4）匀浆搅拌机：1 台

5）进料螺杆泵（切碎机）：1 台

（2）厌氧发酵系统

1）厌氧发酵罐基础：30 m^3

2）厌氧消化罐一体式气柜：200 m^3

3）厌氧罐推进器：2 台

4）厌氧罐回流泵：1 台

（3）增温系统

1）太阳能装置

2）循环水泵：1 台

3）水罐：1 个

（4）其他

1）厂房：100 m^2

2）沼液贮池：300 m^3

3）沼气净化系统、火炬、沼气流量计、电气及控制系统、仪表控制系统、工艺管道和阀门管件等设备。

（三）生活污水治理

对生活杂排水和厕所粪便进行分离处理，具体措施如下：

1．生活杂排水的分区处理

潘家堡村平房区无排水渠，污水就地排放，且村中空地面积有限，但区域划分较为规整。根据潘家堡村区域规划（图 6-22），将该村分为 5 个子区域，采用净化槽工艺，对污水进行分区处理。

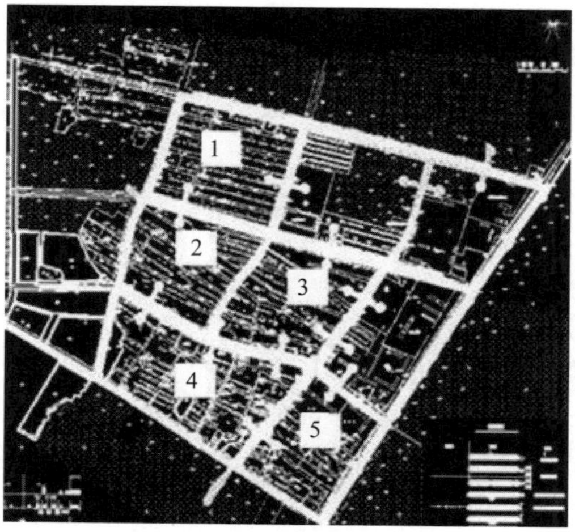

图 6-22　潘家堡村的规划图

（1）工艺特点

净化槽具有投资低，占地小，见效快的特点。一是不需要铺设大规模的污水输送管道；二是一体化的槽体设计，无须大面积的建设场地；三是所需工期短，安装后可立刻投入使用。而且采用地埋式设计，使其不受地形与环境的影响。

（2）工艺设计

1）污水量：潘家堡村共 1 050 户，除去已建楼房居民 120 户，共有居民 2 800 人。按照每人每天污水发生量 100 L 计算，日污水发生量约为 280 m^3。根据潘家堡村的道路规划（图 6-22），污水处理区域可分为五个部分，每个分区的处理人口 400～700 人。

2）处理工艺：处理工艺以厌氧为主，好氧为辅，间歇曝气，尽可能地缩短曝气时间，降低运行成本。具体流程见图 6-23。因为农村的污水流量根据时间的不同变化较大，因此设置流量调整槽，并能起到固液分离的作用；第一反应槽采用厌氧滤床；第二反应槽为间歇曝气槽；最后水经沉淀后流出。

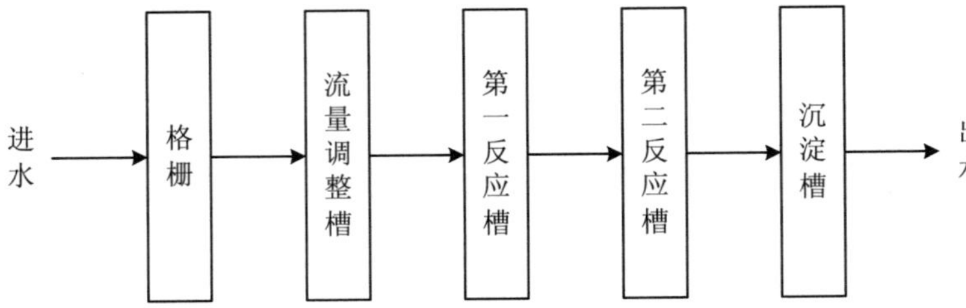

图 6-23　小型一体化污水处理装置流程

3）构筑物设计（以处理人口为 500 人为例）

①处理人口：500 人。

②日处理水量：50 m^3。

③流量调整槽：12.5 m^3。

④第一反应槽：25 m^3。

⑤第二反应槽：35 m^3。

⑥沉淀槽：18 m^3。

⑦结构：钢筋水泥构造，现场施工。

⑧其他：沿村庄道路建设排水边沟约 12 000 m。

4）运行管理：定期对进水口的杂物进行清理，对系统进行检查与维护，污泥清扫 1～3 个月一次。

2. 改旱厕为三格化粪池厕所

三格化粪池厕所是将粪便的收集、无害化处理在同一流程中进行。具有结构简单、容易施工、价格适宜、卫生效果好等特点，在我国大部分地区都适用，见图 6-24。

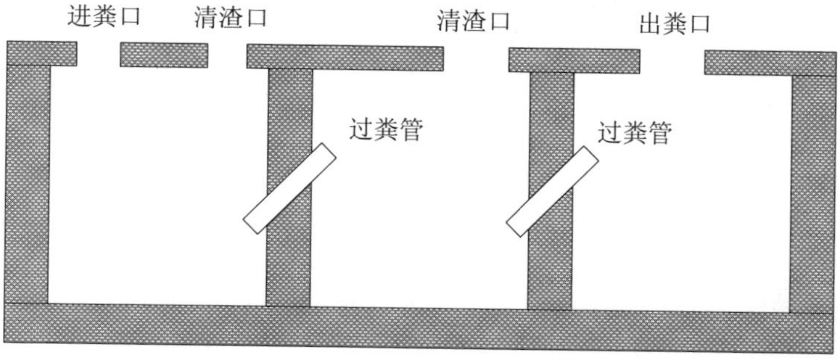

图 6-24 三格化粪池厕所

三格化粪池厕所由便池蹲位、连通管和分成三个相互连通格室的密封粪池组成。其中第一池的截留沉淀与发酵池主要起截留粪渣、发酵和沉淀虫卵作用；第二池的再次发酵池起继续发酵作用；第三池的储粪池主要起发酵后粪液的贮存作用。三池由连通管相连通，在第一池和第三池上方分别设有清渣口和出粪口。自第三池出粪口流出的粪液已经基本上不含寄生虫卵和病原微生物，可供农田直接使用。

参考文献

[1] 陈英旭. 农业环境保护[M]. 北京：化学工业出版社，2006.
[2] 周应华. 中国新时期农业可持续发展战略与对策研究[D]. 北京：中国农业科学院，2002.
[3] 陈钰. 农业可持续发展与生态经济系统构建研究[D]. 乌鲁木齐：新疆大学，2008.
[4] 姜太碧. 城镇化与农业可持续发展研究[D]. 成都：西南财经大学，200 3.
[5] 2010—2012 年全国农村环境连片整治实施方案（征求意见稿）.
[6] 曾鸣，谢淑娟. 中国农村环境问题研究[M]. 北京：经济管理出版社，2007.
[7] 席北斗，魏自民，夏训峰. 农村生态环境保护与综合治理[M]. 北京：新时代出版社，2008.
[8] 边炳鑫，赵由才. 农业固体废弃物的处理与综合利用[M]. 北京：化学工业出版社，2005.
[9] 张克强，高怀友. 畜禽养殖业污染物处理与处置[M]. 北京：化学工业出版社，2003.

[10] 环发[2010]20 号．农村生活污染防治技术政策.
[11] 赵由才，龙燕，张华，等．生活垃圾卫生填埋技术[M]．北京：化学工业出版社，2004.
[12] 太湖水环境修复示范项目技术专家组．高度处理净化槽结构设计与维护管理指南[M]．北京：中国环境科学出版社，2007.